I0040530

ROBERT 1970

MF
292/4604

ESSAI
SUR
LES MACHINES
EN GÉNÉRAL.

Par M. CARNOT, Capitaine au Corps ~~royal~~ du
Génie, de l'Académie des Sciences, Arts &
Belles-Lettres de Dijon, Correspondant du Musée
de Paris.

NOUVELLE ÉDITION.

3862

A DIJON,

DE L'IMPRIMERIE DE DEFAY.

Et se vend, A PARIS,

Chez NYON l'aîné, Libraire, rue du Jardinet.

M. DCC. LXXXVI.

Avec Approbation & Permission.

11886

PRÉFACE.

Quoique la théorie dont il s'agit ici, soit applicable à toutes les questions qui concernent la communication des mouvements, on a donné à cet opuscule le titre d'*Essai sur les Machines en général*; premiérement, parce que ce sont principalement les Machines qu'on y a en vue, comme étant l'objet le plus important de la méchanique; & en second lieu, parce qu'il n'y est question d'aucune Machine particuliere, mais seulement des propriétés qui sont communes à toutes.

Cette théorie est fondée sur trois définitions principales; la premiere regarde certains mouvements que j'appelle *géometriques*, parce qu'ils peuvent se déterminer par les seuls principes de la géometrie, & sont absolument indépendants des regles de la Dynamique; je n'ai pas cru qu'on pût aisément s'en passer, sans laisser du louche dans l'énoncé des principales propositions, comme je le fais voir en particulier pour le principe de *Defcartes*.

Par la feconde de mes définitions, je tâche de fixer la fignification des termes *force follicitante* & *force réfiftante* : on ne peut, ce me femble, comparer clairement les caufes avec les effets dans les Machines, fans une diftinction bien caractérifée entre ces différentes forces ; & c'eft cette diftinction fur laquelle il me paroît qu'on a toujours laiffé quelque chofe de vague & d'indéterminé.

Enfin, ma troifieme définition, eft celle par laquelle je donne le nom de *moment d'activité* d'une puiffance, à une quantité dans laquelle il s'agit d'une puiffance qui eft réellement en activité ou en mouvement, & où l'on tient compte auffi de chacun des inftants employés par cette force, c'eft-à-dire, du temps pendant lequel elle agit. Quoi qu'il en foit, on ne peut difconvenir que cette quantité, fous quelque dénomination qu'on veuille la défigner, ne fe rencontre continuellement dans l'analyfe des Machines en mouvement.

A l'aide de ces définitions, je parviens à des propofitions qui font très-fimples ; je les déduis toutes d'une même équation fondamentale, qui, renfermant une certaine quantité indéterminée à laquelle on peut attribuer différentes valeurs arbitraires, donnera fucceffivement, dans chaque cas particulier, toutes les équations déterminées dont on a befoin pour la folution du problême.

Cette équation qui eft de la plus grande fimplicité, s'étend généralement à tous les cas imaginables d'équilibre & de mouvement, foit que ce mouvement change brufquement, ou varie par degrés infenfibles ; elle s'applique même à tous les corps, foit durs, foit doués d'un degré quelconque d'élafticité ; &, fi je ne me trompe, elle fuffit feule & indépendamment de tout autre principe méchanique, pour réfoudre tous les cas particuliers qui peuvent fe rencontrer.

Je tire facilement de cette équation un principe général d'équilibre & de mouvement dans les Machines proprement dites,

& de celui-ci dérivent naturellement d'autres principes plus ou moins généraux, dont
pluſieurs ſont déjà connus & très-célebres,
mais qui ont été juſqu'ici (du moins pour
la plupart) ou peu exactement, ou va-
guement expliqués, plutôt que rigoureuſement démontrés.

Sans ſortir des principes généraux, j'ai
réuni dans un ſcholie, & le plus clairement
qu'il m'a été poſſible, les remarques les plus
utiles à la pratique, & qui m'ont paru
mériter par leur importance un développement particulier ; tout le monde répéte
que dans les Machines en mouvement on
perd toujours en temps ou en vîteſſe ce
qu'on gagne en force ; mais après la lec-
ture des meilleurs éléments de méchanique,
qui ſemblent être la vraie place où doivent
ſe trouver la preuve & l'explication de ce
principe, ſon étendue & même ſa vraie
ſignification ſont - elles faciles à ſaiſir ? Sa
généralité a-t-elle, pour la plupart des Lec-
teurs, cette évidence irréſiſtible qui doit
caractériſer les vérités mathématiques ? S'ils
éprouvoient cette conviction frappante, ne

verroit-on pas des Méchaniciens inftruits de ces ouvrages, renoncer inceffamment à leurs projets chimériques ? Ne cefferoient-ils pas de croire ou de foupçonner du moins, malgré tout ce qu'on leur dit, qu'il y a dans les Machines quelque chofe de magique ? Les preuves qu'on leur donne du contraire ne s'étendent qu'aux Machines fimples; auffi ne croient-ils pas celles-ci capables d'un grand effet; mais on ne leur fait pas voir qu'il doit en être de même dans tous les cas imaginables; on ne parle que de celui où il y a feulement deux forces dans le fyftême, & l'on fe contente d'une analogie : voilà pourquoi ces Mécha-niciens efperent toujours que leur fagacité leur fera découvrir quelque reffource in-connue, quelque Machine qui ne foit pas comprife dans les regles ordinaires; ils fe croient d'autant plus furs de la rencontrer, qu'ils s'éloignent davantage de tout ce qui paroît avoir de la relation avec les Ma-chines ufitées, parce qu'ils s'imaginent que la théorie établie pour celles-ci, ne peut s'étendre à des conftruétions qui leur femblent n'y avoir aucun rapport ; c'eſt en vain qu'on leur dit que toute Machine ſe réduit au levier : cette aſſertion eſt trop vague & trop tirée, pour qu'on s'y rende ſans un examen profond ; ils ne peuvent ſe perſuader que des Machines qui paroiſſent n'avoir rien de commun avec celles qu'on nomme ſimples, ſoient ſujettes à la même loi, ni qu'on puiſſe prononcer ſur l'inutilité d'un ſecret dont ils n'ont fait confidence à perſonne : de là vient que les idées les plus bizarres, les plus éloignées de la ſimplicité ſi avantageuſe aux Machines, ſont celles qui leur fourniſſent le plus d'eſpoir.

Le moyen de déraciner cette erreur, eſt ſans doute de l'attaquer dans ſa ſource même, en montrant que non-ſeulement dans toutes les Machines connues, mais encore dans toutes les Machines poſſibles, c'eſt une loi inévitable, qu'*on perd toujours en temps ou en vîteſſe ce qu'on gagne en force ;* & d'expliquer clairement ce que ſignifie cette loi ; mais il faut, pour cela, s'élever à la plus grande généralité poſſible, ne s'arrêter à aucune Machine particuliere, ne s'appuyer fur aucune analogie ; il faut enfin une démonftration générale, déduite immédiatement & géométriquement des premiers axiomes de la méchanique : c'eft ce qu'on a tâché de faire dans cet Effai ; on a beaucoup infifté fur ce point fondamental, & je ne fais fi l'on aura réuffi à le mettre dans un affez grand jour ; mais en attaquant l'erreur, on s'eft efforcé d'y fubftituer la vérité ; on a montré quel eft le véritable but des Machines : s'il n'eft pas raifonnable d'en attendre des prodiges hors de toute vraifemblance, on verra qu'il leur refte encore affez d'objets d'utilité, pour exercer la plus brillante imagination.

Les réflexions que je propofe fur cette loi, me conduifent à dire un mot du mouvement perpétuel, & je fais voir non-feulement que toute Machine abandonnée à elle-même doit s'arrêter, mais j'affigne l'inftant même où cela doit arriver.

On trouvera encore parmi ces réflexions une des plus intéreffantes propriétés des Machines, qui, je crois, n'a pas encore été remarquée ; c'eft que pour leur faire produire le plus grand effet poffible, il faut néceffairement qu'il n'arrive aucune percuffion, c'eft-à-dire que le mouvement doit toujours changer par degrés infenfibles ; ce qui donne lieu, entre autres chofes, à quelques remarques fur les Machines hydrauliques.

Enfin, je termine cet Ecrit par quelques réflexions fur les loix fondamentales de la communication des mouvements, qui, fi elles ne font pas du goût de tout le monde, font du moins affez courtes pour ne fatiguer perfonne.

Mais, je le répéte, cet Effai n'a pour objet que les Machines en général ; chacune d'elles à fes propriétés particulieres : il ne s'agit ici que de celles qui font communes à toutes ; ces propriétés, quoique affez nombreufes, font en quelque forte toutes comprifes dans une même loi fort fimple : c'eft cette loi qu'on s'eft propofé de rechercher, de démontrer & de développer, en envifageant toujours les Machines fous le point de vue le plus général & le plus direct.

ESSAI
SUR LES MACHINES
EN GÉNÉRAL.

INTRODUCTION.

I. NOUS ne manquons pas d'excellents Traités fur les Machines ; les propriétés particulieres à celles dont l'ufage eft fréquent, à celles fur-tout qu'on eft convenu d'appeller fimples, ont été recherchées & approfondies avec toute la fagacité poffible ; mais il me femble qu'on ne s'eft pas encore beaucoup attaché, à développer celles de ces propriétés qui font communes à toutes les Machines, & qui, par cette raifon, ne conviennent pas plus aux cordes qu'au levier, à la vis, ou à toute autre Machine foit fimple foit compofée.

Ce n'eft pas cependant que les Géometres aient négligé de s'élever aux principes généraux d'équilibre & de mouvement ; mais ce n'eft pour ainfi dire qu'en paffant qu'ils ont parlé de leur application à la théorie des Machines proprement dites , & peut-être aussi n'y a-t-il encore aucun de ces principes qui joigne à une démonstration rigoureuse une assez grande généralité , pour pouvoir suffire seul & indépendamment de tout autre , à la solution des différentes questions qu'on peut proposer tant sur l'équilibre que sur le mouvement des Machines , c'est-à-dire , pour réduire toutes les questions à une affaire de calcul & de géométrie ; ce qui est le véritable objet de la méchanique.

I I. Parmi les principes plus ou moins généraux qui ont été jusqu'ici proposés , nous en rappellerons seulement deux très-célébres & sur lesquels nous aurons quelques observations à faire.

Le premier est celui qui assigne pour loi générale de l'équilibre dans les Machines à poids, que le centre de gravité du systême est alors au point le plus bas possible ; mais quoique cet ancien principe soit fort simple & fort général, il ne paroît pas qu'on lui ait donné toute l'attention qu'il mérite : c'est sans doute , 1°. parce qu'il est sujet à quelques exceptions, comme tous ceux où il s'agit de *maximum* & de *minimum* ; 2°. parce qu'il n'a rapport qu'à une espece particuliere de force, qui est la pesanteur ; 3°. enfin parce qu'il paroît difficile d'en donner une démonstration générale & rigoureuse. Mais , 1°. nous allons faire voir qu'en changeant un peu l'énoncé de ce principe , on en peut faire une proposition très-exacte, très-géométrique & vraie sans exception ; 2°. quoiqu'il n'ait rapport qu'à la pesanteur , cependant il est facile de l'appliquer à tous les cas imaginables ; il n'y a pour cela qu'à substituer un poids à la place de chacune des puissances qui sont d'un genre diffé-

rent ; ce qui eſt très-facile, par le moyen d'un
fil paſſant ſur une poulie de renvoi ; de ſorte
qu'alors il ne reſte plus à ce principe que le
défaut d'être indirect ; 3°. enfin, quoiqu'on ne
puiſſe le démontrer rigoureuſement ſans remonter juſqu'aux premiers principes de la méchanique, il eſt cependant facile d'en rendre aſſez
bien raiſon, pour qu'il ne fût pas poſſible d'en
douter, quand même on n'en auroit pas d'autres
preuves, comme nous allons le faire voir en
attendant la démonſtration exacte que nous tâ-
cherons d'en donner dans la ſuite de cet Eſſai.

Imaginons donc une Machine à laquelle il n'y
ait d'autres forces appliquées que des poids,
je la ſuppoſe d'ailleurs d'une forme arbitraire,
mais qu'on ne lui ait imprimé aucun mouvement : cela poſé, quelle que ſoit la diſpoſition
des corps du ſyſtême, il eſt clair que s'il y a
équilibre, la ſomme des réſiſtances des points
fixes ou obſtacles quelconques, eſtimées dans le
ſens vertical contraire à la peſanteur, ſera égale
au poids total du ſyſtême; mais s'il naît un
mouvement, une partie de la peſanteur ſera
employée à le produire, & ce n'eſt qu'avec le
ſurplus, que les points fixes pourront ſe trouver
chargés ; donc dans ce cas la ſomme des réſiſtances verticales des points fixes, ſera moindre
au premier inſtant que le poids total du ſyſtême : donc de ces deux forces combinées (la
peſanteur du ſyſtême & la charge verticale des
points fixes) il en réſultera une ſeule force égale
à leur différence, & qui pouſſera le ſyſtême de
haut en bas comme s'il étoit libre : donc le centre de gravité deſcendra néceſſairement avec une
vîteſſe égale à cette différence diviſée par la
maſſe totale du ſyſtême : donc ſi le centre de

gravité du fyftême ne defcend pas, il y aura néceffairement équilibre. Donc en général,

Pour s'affurer que plufieurs poids appliqués à une Machine quelconque doivent fe faire mutuellement équilibre, il fuffit de prouver que fi l'on abandonne cette Machine à elle-même, le centre de gravité du fyftême ne defcendra pas.

III. La conféquence immédiate de ce principe vrai fans exception, eft que fi le centre de gravité du fyftême eft au point le plus bas poffible, il y aura néceffairement équilibre; car, fuivant cette propofition, il fuffit, pour le prouver, de faire voir que le centre de gravité ne defcendra pas; or, comment defcendroit-il, puifque par hypothefe il eft au point le plus bas poffible ?

IV. Pour donner encore une application de ce principe, je fuppofe qu'il s'agiffe de trouver la loi générale d'équilibre entre deux poids A & B appliqués à une Machine quelconque; je dis donc qu'alors, en conféquence du principe précédent, il y aura équilibre entre ces deux poids A & B, fi, en fuppofant que l'un des deux vienne à l'emporter, & la Machine à prendre un petit mouvement, il arrivoit que l'un de ces corps montât pendant que l'autre defcendroit, & qu'en même temps ces poids fuffent en raifon réciproque de leurs vîteffes eftimées dans le fens vertical : en effet, fi l'on fuppofe qu'alors A defcendît avec la vîteffe verticale V, tandis que la vîteffe de B, auffi eftimée dans le fens vertical, feroit u, on aura, par hypothefe, $A : B :: u : V$, ou $A V = B u$, donc
$$\frac{A V - B u}{A + B} = 0.$$
Cela pofé, puifque les corps font fuppofés fe mouvoir, l'un de haut en bas,

& l'autre de bas en haut, il eſt évident que le premier membre de cette équation eſt la vîteſſe verticale du centre de gravité du ſyſtê-me; donc ce centre de gravité ne deſcendra pas; donc, par la propoſition précédente, il doit y avoir équilibre.

V. Le ſecond principe ſur lequel nous nous ſommes propoſés de faire quelques obſervations, eſt la fameuſe loi d'équilibre de *Deſcartes*; elle revient à ce que deux puiſſances en équilibre ſont toujours, en raiſon réciproque de leur vîteſſe, eſtimées dans le ſens de ces forces, lorſqu'on ſuppoſe que l'une des deux vient à l'emporter infiniment peu ſur l'autre, de maniere qu'il en naiſſe un petit mouvement.

Mais quoique cette propoſition ſoit très-belle & qu'on la regarde ordinairement comme le principe fondamental de l'équilibre dans les Ma-chines, elle eſt cependant infiniment moins gé-nérale que celle qui a été citée en premier lieu, car elle s'applique uniquement au cas où il y a ſeulement deux puiſſances dans le ſyſtême, & d'ailleurs elle ſe déduit très-facilement de ce qui vient d'être dit au ſujet des deux poids *A* & *B*, puiſqu'on ramene viſiblement l'un de ces cas à l'autre, en ſubſtituant, par des poulies de renvoi, des poids à la place des forces dont on cherche le rapport.

De plus, il eſt à remarquer que ce principe n'exprime pas les conditions de l'équilibre entre deux puiſſances, auſſi complétement que celui qui a été cité en premier lieu; car il ne donne que le rapport des quantités de force qui ſe font équilibre, au lieu que celui-ci donne auſſi en quelque ſorte le rapport de leurs di-rections; par exemple, dans le cas d'équilibre

entre deux poids , le principe de *Defcartes* apprend feulement que les poids doivent être en
raifon réciproque de leurs vîteffes verticales ;
mais il n'indique pas, comme le premier, que
l'un de ces corps doit néceffairement monter
pendant que l'autre defcendra ; pour qu'un treuil,
par exemple, à la roue & au cylindre duquel
font fufpendus des poids par des cordes , demeure
en équilibre, il ne fuffit pas que le poids appliqué à la roue foit à celui du cylindre, comme
le rayon du cylindre eft au rayon de la roue;
il faut encore que ces poids tendent à faire
tourner la Machine en fens contraire l'un de
l'autre , c'eft-à-dire qu'ils foient placés de différents côtés, par rapport à l'axe, finon leurs
efforts étant confpirants, mettront la Machine
en mouvement : il eft donc évident que ce qui
rend le principe de *Defcartes* incomplet, c'eft
qu'en déterminant le rapport des puiffances,
quant à leurs valeurs ou intenfités, il n'exprime
pas que ces puiffances doivent faire des efforts
oppofés, ni en quoi confifte cette oppofition
d'efforts : il eft clair en effet que pour l'équilibre il faut que l'une des forces réfifte tandis
que l'autre follicite; or, c'eft ce qui n'arrive
pas dans le treuil qui vient d'être allégué pour
exemple ; mais qu'eft-ce en général qui diftingue les forces follicitantes des forces réfiftantes ?
C'eft, ce me femble , ce qui n'a pas encore été
déterminé : on verra dans cet Effai que la différence caractériftique de ces forces confifte
dans l'angle qu'elles forment avec les directions
de leurs vîteffes, de forte que les unes font
toujours avec leurs vîteffes des angles aigus,
tandis que les autres font des angles obtus avec
les leurs.

Enfin ;

, Enfin, un défaut qu'il me paroît qu'on peut encore reprocher au principe de *Defcartes*, ainſi qu'à tous ceux où il s'agit du petit mouvement qui naîtroit dans le ſyſtême, ſi l'équilibre venoit à être troublé, c'eſt qu'ils n'indiquent pas la maniere de déterminer ce petit mouvement ; or, s'il faut pour cela avoir recours à quelque nouveau principe méchanique, le premier n'eſt donc pas ſuffiſant ; & ſi on peut le déterminer par pure géométrie, quelle en eſt la maniere ? C'eſt ce que ne dit pas le principe : & qu'on ne diſe pas que la proportion indiquée par le principe, a toujours lieu, quel que puiſſe être le mouvement, pourvu qu'il ſoit poſſible, c'eſt-à-dire compatible avec l'impénétrabilité des corps ; car ce ſeroit une erreur ; & nous ferons voir dans la ſuite que ces mouvements ſont aſſujettis à certaines conditions, en conſéquence deſquelles j'ai cru devoir leur donner le nom de *mouvements géométriques.*

On peut faire la même remarque ſur tous les principes où l'on propoſeroit de conſidérer la Machine dans deux états infiniment proches l'un de l'autre ; car pour déterminer quels ſont ces deux états, c'eſt-à-dire quel mouvement il faudroit que la Machine prît pour paſſer de l'un à l'autre, il faut ou employer de nouveaux principes méchaniques conjointement avec celui qu'on propoſe ; ce qui rendroit celui ci inſuffiſant ; ou la géométrie ſuffit ; & dans ce cas c'eſt un défaut dans le principe, de ne pas faire connoître les conditions géométriques auxquelles ce mouvement eſt aſſujetti.

V I. Les deux loix dont on vient de parler, ſont bornées l'une & l'autre au cas de l'équilibre ; on paſſe aiſément de ce cas à celui du mou-

B

vement, par le principe de dynamique dû à *M.* *d'Alembert* ; mais on en a auffi trouvé plufieurs autres qui s'appliquent immédiatement au cas du mouvement ; tel eft celui de la confervation des forces vives dans le choc des corps parfaitement élaftiques , lequel eft d'autant plus général , qu'il s'étend au cas même où le mouvement paffe brufquement d'un état à l'autre ; mais il paroît qu'on n'a gueres fongé à l'ufage qu'on en pouvoit faire dans la théorie des Machines proprement dites ; il eft cependant évident que cette loi doit avoir fon analogue dans le choc des corps durs ; & comme on prend ordinairement ceux-ci pour fervir de terme de comparaifon , ce principe transféré aux corps durs avec la modification qu'exige la différence de leur nature , ne peut manquer d'être plus utile que la confervation même dont il s'agit : nous ferons voir en effet qu'on en déduit avec la plus grande facilité plufieurs vérités capitales , & particuliérement la confervation des forces vives dans un fyftême de corps durs dont le mouvement change par degrés infenfibles ; principe dont l'utilité dans la théorie des Machines eft fi connue : on verra en même temps par-là une relation intime entre ces deux confervations de forces vives ; on en tire également le principe de *Defcartes* , & même, en le généralifant , la loi d'équilibre dans les Machines à poids dont il a été queftion ci-deffus ; ce principe enfin , après lui avoir donné l'extenfion dont il eft fufceptible , nous a paru renfermer toutes les loix de l'équilibre & du mouvement , & nous n'avons pas cru pouvoir en adopter un meilleur pour fervir de bafe à notre théorie.

VII. Cet Effai fera divifé en deux parties ;

dans la premiere, on traitera des principes généraux de l'équilibre & du mouvement dans
les Machines ; & dans la seconde, on recherchera
les propriétés des Machines proprement dites,
c'est-à-dire, de ce à quoi le nom de Machines
a été plus spécialement affecté, sans cependant
s'arrêter jamais à aucune Machine particuliere.

PREMIERE PARTIE.

Principes généraux.

VIII. Lorsqu'un corps agit sur un autre,
c'est toujours immédiatement, ou par l'entre-
mise de quelque corps intermédiaire ; ce corps
intermédiaire est en général ce qu'on appelle
une Machine ; le mouvement que perd à chaque instant chacun des corps appliqués à cette
Machine, est en partie absorbé par la Machine
même, & en partie reçu par les autres corps
du système ; mais comme il peut arriver que
l'objet de la question soit uniquement de trouver l'action réciproque des corps appliqués aux
corps intermédiaires, sans qu'on ait besoin d'en
connoître l'effet sur le corps intermédiaire même,
on a imaginé, pour simplifier la question, de faire
abstraction de la masse même de ce corps, en
lui conservant d'ailleurs toutes les autres propriétés de la matiere ; dès-lors la science des
Machines est devenue en quelque sorte une
branche isolée de méchanique, dans laquelle il
s'agit de considérer l'action réciproque des différentes parties d'un système de corps, parmi

lefquelles il s'en trouve qui , privés de l'inertie
commune à toutes parties de la matiere telle
qu'elle exifte dans la nature , ont retenu le
nom de Machines.

IX. Cette abftraction pouvoit fimplifier dans
certains cas particuliers , où les circonftances in-
diquoient ceux des corps dont il convenoit de
négliger la maffe , pour arriver plus facilement
au but ; mais on conçoit que la théorie des
Machines en général eft devenue réellement plus
compliquée qu'auparavant ; car alors cette théorie
étoit renfermée dans celle du mouvement des
corps tels que la nature nous les offre ; mais
à préfent il faut confidérer à la fois deux fortes
de corps , les uns tels qu'ils exiftent réellement,
les autres dépouillés en partie de leurs propriétés naturelles ; or , il eft clair que le premier de ces problêmes eft un cas particulier de
celui-ci ; donc celui ci eft plus compliqué que
l'autre : auffi , quoiqu'on parvienne aifément par
de pareilles hypothefes , à trouver les loix de
l'équilibre & du mouvement dans chaque Machine particuliere , telle que le levier , le treuil,
la vis , il en réfulte un affemblage de connoif-
fances dont la liaifon s'apperçoit difficilement,
& feulement par une efpece d'analogie ; ce qui
doit néceffairement arriver tant qu'on aura recours à la figure particuliere de chaque Machine , pour démontrer une propriété qui lui
eft commune avec toutes les autres : ces propriétés communes étant celles que nous avons
en vue dans cet Effai , il eft clair que nous ne
parviendrons à les trouver qu'en faifant abftraction des formes particulieres : commençons donc
par fimplifier l'état de la queftion , en ceffant de
confidérer dans un même fyftême des corps de

différente nature ; rendons enfin aux Machines leur force d'inertie ; il nous fera facile, après cela, d'en négliger la maffe dans le réfultat ; nous ferons maîtres d'y avoir égard ou non ; & partant, la folution du problême fera auffi générale, en même temps quelle fera plus fimple.

X. La fcience des Machines en général fe réduit donc à la queftion fuivante.

Connoiffant le mouvement virtuel d'un fyftême quelconque de corps, (c'eft-à-dire celui que prendroit chacun de ces corps, s'il étoit libre) trouver le mouvement réel qui aura lieu l'inftant fuivant, à caufe de l'action réciproque des corps, en les confidérant tels qu'ils exiftent dans la nature, c'eft-à-dire comme doués de l'inertie commune à toutes les parties de la matiere.

XI. Or, cette queftion renfermant évidemment toute la méchanique, il faut, pour procéder avec clarté, remonter jufqu'aux premieres loix que la nature obferve dans la communication des mouvements : on peut les réduire en général à deux, que voici.

Loix fondamentales de l'équilibre & du mouvement.

Premiere loi. *La réaction eft toujours égale & contraire à l'action.*

Cette loi confifte en ce que tout corps qui change fon état de repos ou de mouvement uniforme & rectiligne, ne le fait jamais que par l'influence ou action de quelqu'autre corps auquel il imprime en même temps une quantité de mouvement égale & directement oppofée à celle qu'il en reçoit ; c'eft-à-dire que la vîteffe qu'il prend réellement l'inftant d'après , eft la force réfultante de celle que lui imprime cet autre corps , & de celle qu'il auroit eue fans cette derniere force Tout corps réfifte donc à fon changement d'état , & cette réfiftance qu'on nomme force d'inertie , eft toujours égale & directement oppofée à la quantité de mouvement qu'il reçoit , c'eft-à-dire à la quantité de mouvement qui , compofée avec celle qu'il avoit immédiatement avant le changement , produit pour réfultante la quantité de mouvement qu'il doit réellement avoir immédiatement après ; ce qui s'exprime encore en difant que , dans l'action réciproque des corps , la quantité de mouvement perdue par les uns , eft toujours gagnée par les autres , en même temps & dans le même fens.

Seconde loi. *Lorfque deux corps durs agiffent l'un fur l'autre , par choc ou preffion , c'eft-à-dire en vertu de leur impénétrabilité , leur vîteffe relative , immédiatement après l'action réciproque , eft toujours nulle.*

En effet , on obferve conftamment que , fi deux corps durs viennent à fe choquer , leurs vîteffes , immédiatement après le choc , eftimées perpendiculairement à leur furface commune au point de contingence , font égales ; de même que s'ils fe tiroient par des fils inextenfibles , ou fe pouffoient par des verges incompreffibles , leurs vîteffes eftimées dans le fens de ce fil ou de cette verge , feroient néceffairement égales : d'où il fuit que leur vîteffe relative , c'eft-à-dire celle par laquelle ils s'approchent ou s'éloignent l'un de l'autre , eft dans tous les cas nulle au premier inftant.

De ces deux principes , il eft aifé de tirer les loix du choc des corps durs , & de conclure

par conféquent les deux autres principes fecondaires dont l'ufage eft continuel en méchanique : favoir.

1°. *Que l'intenfité du choc ou de l'action qui
s'exerce entre deux corps qui fe rencontrent, ne
dépend point de leurs mouvements abfolus, mais
feulement de leur mouvement relatif.* 2°. *Que la
force ou quantité de mouvement qu'ils exercent l'un
fur l'autre, par le choc, eft toujours dirigée perpendiculairement à leur furface commune au point
de contingence.*

XII. Des deux loix fondamentales, la *premiere* convient généralement à tous les corps
de la nature, ainfi que les deux loix fecondaires
qu'on vient de voir, & la *feconde* eft feulement pour les corps durs; mais comme ceux
qui ne le font pas ont des degrés d'élafticité
différents, on ramene ordinairement les loix de
leur mouvement à celles des corps durs qu'on
prend pour terme de comparaifon, c'eft-à-dire
qu'on regarde les corps élaftiques, comme com-
pofés d'une infinité de corpufcules durs féparés
par de petites verges compreffibles, auxquelles
on attribue toute la vertu élaftique de ces
corps; de forte qu'on ne confidere, à proprement parler, dans la nature, que des corps animés de différentes forces motrices : nous fui-
vrons cette méthode, comme la plus fimple ;
ainfi nous réduirons la queftion à la recherche
des loix qu'obfervent les corps durs, & nous
en ferons enfuite quelques applications aux
cas où les corps font doués de différents degrés d'élafticité.

XIII. Cet Effai fur les Machines n'étant point
un Traité de méchaniqne, mon but n'eft pas
d'expliquer en détail ni de prouver les loix

fondamentales que je viens de rapporter ; ce font des vérités que tout le monde fent très-bien , dont on convient généralement , & qui fe manifeftent avec la plus grande évidence dans tous les phénomenes de la nature ; cela me fuffit pour remplir mon objet , qui eft uniquement de tirer de ces loix , une méthode fimple & exacte pour trouver l'état de repos ou de mouvement qui en réfulte dans un fyftême quelconque de corps , c'eft-à-dire de préfenter ces mêmes loix fous une forme qui puiffe en faciliter l'application à chaque cas particulier.

XIV. Imaginons donc un fyftême quelconque de corps durs dont le mouvement virtuel donné foit changé par leur action réciproque en un autre qu'il s'agit de trouver ; & pour embraffer la queftion dans toute fa généralité , fuppofons que le mouvement puiffe changer fubitement , ou varier par degrés infenfibles ; enfin , comme il peut fe rencontrer des point fixes , ou obftacles quelconques , confidérons-les tels qu'ils font en effet , c'eft-à-dire comme des corps ordinaires faifant eux-mêmes partie du fyftême propofé , mais fixément arrêtés dans le lieu où ils font placés.

XV. Pour parvenir à la folution de ce problême , obfervons d'abord que toutes les parties du fyftême étant fuppofées parfaitement dures , c'eft-à-dire incompreffibles & inextenfibles , on peut vifiblement, quel qu'il foit, le regarder comme compofé d'une infinité de corpufcules durs , féparés les uns des autres , ou par de petites verges incompreffibles , ou par de petits fils inextenfibles ; car , lorfque deux corps fe choquent , fe pouffent , ou tendent en général à fe rapprocher l'un de l'autre fans pouvoir le faire , à cause de leur impénétrabilité, on peut concevoir entre les deux une petite verge incompreffible, & fuppofer que le mouvement fe tranfmet de l'un à l'autre fuivant cette verge; & de même fi deux corps tendent à fe féparer, on peut concevoir qu'ils font retenus l'un à l'autre par un petit fil inextenfible, fuivant lequel fe propage le mouvement : cela pofé, confidérons fucceffivement l'action de chacun de ces petits corpufcules fur tous ceux qui lui font adjacents, c'eft-à-dire examinons deux à deux tous ces petits corpufcules féparés l'un de l'autre par une petite verge incompreffible ou par un petit fil inextenfible, & voyons ce qui en doit réfulter dans le fyftême général de tous ces corpufcules : pour cela nommons

m' & m'' Les maffes des corpufcules adjacents.

V' & V'' Les vîteffes qu'ils doivent avoir l'inftant fuivant.

F' L'action de m'' fur m', c'eft-à-dire la force ou quantité de mouvement que le premier de ces corpufcules imprime à l'autre.

F'' La réaction de m' fur m''.

q' & q'' Les angles formés par les directions de V' & F', & par celles de V'' & F''.

Cela pofé, la vîteffe réelle de m' étant V', cette vîteffe eftimée dans le fens de F' fera V' cof q', de même la vîteffe de m'' eftimée dans le fens de F'' fera V'' cof q'' ; de même la vîteffe de m'' eftimée dans le fens de F'' fera V'' cof q''. Donc, puifque par la feconde loi fondamentale, les corps doivent aller de compagnie, on aura V' cof q' + V'' cof q'' = 0 (A) ; donc par la premiere loi fondamentale on aura auffi F' V' cof q' + F'' V'' cof q'' = 0 (B) ; car fi m' & m''

font mobiles tous les deux , il eſt clair , par cette loi , qu'on a $F' = F''$, donc à cauſe de l'équation (A) on aura auſſi l'équation (B); & ſi l'un des deux , m' par exemple , eſt fixe ou fait partie d'un obſtacle , on aura V' coſ $q' = o$; donc à cauſe de l'équation (A) on aura auſſi V'' coſ $q'' = o$; donc l'équation (B) aura encore lieu ; donc cette équation (B) eſt vraie pour tous les corpuſcules du ſyſtême pris deux à deux : imaginant donc une pareille équation pour tous ces corps pris en effet deux à deux , & ajoutant enſemble toutes ces équations , ou ce qui revient au même , intégrant l'équation (B), on aura pour tout le ſyſtême ; $\int F' V'$ coſ $q' + \int F'' V''$ coſ $q'' = o$: c'eſt-à-dire que la ſomme des produits des quantités de mouvement que s'impriment réciproquement les corpuſcules ſéparés par chacun des petits fils inextenſibles , ou des petites verges incompreſſibles , de ces quantités , dis-je , multipliées chacune par la vîteſſe du corpuſcule auquel elle eſt imprimée , eſtimée dans le ſens de cette force , eſt égale à zéro.

Cela poſé , abandonnant les dénominations précédentes , nommons

La maſſe de chacun des corpuſcules du ſyſtême. m

Sa vîteſſe virtuelle , c'eſt - à - dire celle qu'il prendroit s'il étoit libre. W

Sa vîteſſe réelle. V

La vîteſſe qu'il perd , de ſorte que W ſoit la réſultante de V & de cette vîteſſe. U

La force ou quantité de mouvement qu'imprime à m chacun des corpuſcules adjacents , & par l'entremiſe deſquels il reçoit évidemment tout le mouvement qui lui eſt tranſmis des différentes parties du ſyſtême. *F*

L'angle compris entre les directions de
W & *V*. *X*

L'angle compris entre les directions de
W & *U*. *Y*

L'angle compris entre les directions de
V & *U*. *Z*

L'angle compris entre les directions de
V & *F*. *q*

On aura donc pour tout le ſyſtême $\int F V$ coſ $q = 0$, ou $\int V F$ coſ $q = 0$ (C) ; à préſent il faut obſerver que la vîteſſe de *m* avant l'action réciproque, étant *W*, cette vîteſſe eſtimée dans le ſens de *V* ſera *W* coſ *X* ; donc *V* — *W* coſ *X*, eſt la vîteſſe gagnée par *M* dans le ſens de *V* ; donc *m* (*V* — *W* coſ *X*) eſt la ſomme des forces *F* qui agiſſent ſur *m* eſtimées chacune dans le ſens de *V* ; donc *m V* (*V* — *W* coſ *X*) eſt la même ſomme multipliée par *V* ; or, à chaque molécule répond une pareille ſomme, & de plus la ſomme totale de toutes ces ſommes particulieres eſt viſiblement pour tout le ſyſtême $\int V F$ coſ *q* ; donc $\int m V$ (*V* — *W* coſ *X*) $= \int V F$ coſ *q* ; ajoutant à cette équation l'équation (C), il vient $\int m V$ (*V* — *W* coſ *X*) $= 0$ (D) : mais *W* étant la réſul-tante de *V* & *U*, il eſt clair qu'on aura *W* coſ *X* $= V + U$ coſ *Z* ; ſubſtituant donc cette valeur de *W* coſ *X* dans l'équation (D), elle ſe ré-duira à $\int m V U$ coſ *Z* $= 0$ (E) ; *premiere équation fondamentale.*

XVI. Imaginons maintenant qu'au moment où le choc va ſe faire, le mouvement actuel du ſyſtême ſoit tout à coup détruit, & qu'on lui faſſe prendre à la place ſucceſſivement deux autres mouvements arbitraires, mais égaux &

directement oppofés l'un à l'autre, c'eft-à-dire qu'on le faſſe partir fucceſſivement de ſa poſition actuelle, avec deux mouvements tels qu'en vertu du fecond, chaque point du fyftême ait au premier inftant une vîteſſe égale & directement oppofée à celle qu'il auroit eue en vertu du premier de ces mouvements : cela pofé, il eft clair, 1°. que la figure du fyftême étant donnée, cela peut fe faire d'une infinité de manieres différentes, & par des opérations purement geométriques; c'eft pourquoi j'appellerai ces mouvements *mouvements géométriques* : c'eft-à-dire que *fi un fyftême de corps part d'une pofition donnée, avec un mouvement arbitraire, mais tel qu'il eût été poffible auffi de lui en faire prendre un autre tout à fait égal & directement oppofé ; chacun de ces mouvements fera nommé mouvement* (1) *géométrique ;* 2°. je dis qu'en

---

(1) Pour diftinguer par un exemple très-fimple les mouvements que j'appelle *géométriques*, de ceux qui ne le font pas, imaginons deux globes qui fe pouſſent l'un l'autre, mais du refte libres & dégagés de tout obftacle ; imprimons à ces globes des vîteſſes égales & dirigées dans le même fens fuivant la ligne des centres ; ce mouvement eft *géométrique*, parce que les corps pourroient de même être mus en fens contraire avec la même vîteſſe, comme il eft évident : mais fuppofons maintenant qu'on imprime à ces corps des mouvements égaux & dirigés dans la ligne des centres, mais qui au lieu d'être, comme précédemment, dirigés dans le même fens, tendent au contraire à les éloigner l'un de l'autre ; ces mouvements, quoique poffibles, ne font pas ce que j'entends par *mouvements géométriques ;* parce que fi l'on vouloit faire prendre à chacun de ces mobiles une vîteſſe égale & contraire à celle qu'il reçoit dans ce premier mouvement, on en feroit empêché par l'impénétrabilité ·des corps.

vertu de ce mouvement géométrique , les corpuſcules voiſins qui peuvent être cenſés ſe

De même ſi deux corps ſont attachés aux extrèmités
d'un fil inextenſible , & qu'on faſſe prendre au ſyſtême
un mouvement arbitraire , mais tel que la diſtance des
deux corps ſoit conſtamment égale à la longueur du fil ,
ce mouvement ſera *géométrique* , parce que les corps
peuvent prendre un pareil mouvement dans un ſens
tout contraire ; mais ſi ces mobiles ſe rapprochent l'un
de l'autre , le mouvement n'eſt point *géométrique* , parce
qu'ils ne pourront prendre un mouvement égal & contraire , ſans s'éloigner l'un de l'autre ; ce qui eſt impoſſible , à cauſe de l'inextenſibilité du fil.

En général il eſt évident que , quelle que ſoit la figure
du ſyſtême , & le nombre des corps , ſi on peut lui
faire prendre un mouvement tel qu'il n'en réſulte aucun changement dans la poſition reſpective des corps ,
ce mouvement ſera *géométrique ;* mais il ne s'enſuit pas
de là qu'il n'y ait aucun autre moyen de ſatisfaire à
cette condition , comme nous allons le montrer par
quelques exemples.

Imaginons un treuil à la roue & au cylindre duquel
ſoient attachés des poids ſuſpendus par des cordes ; ſi
l'on fait tourner la machine , de maniere que le poids
attaché à la roue deſcende d'une hauteur égale à ſa
circonférence , tandis que celui du cylindre montera
d'une hauteur égale à la ſienne , ce mouvement ſera
géométrique , parce qu'il eſt également poſſible de faire
deſcendre le poids attaché au cylindre d'une hauteur
égale à ſa circonférence , tandis que le poids attaché
à la roue monteroit d'une hauteur égale à la ſienne ;
mais ſi tandis qu'on fera deſcendre le poids attaché à
la roue d'une hauteur égale à ſa circonférence , on
faiſoit monter le poids attaché au cylindre d'une hauteur plus grande que ſa circonférence , le mouvement
ne ſeroit pas *géométrique* , parce que le mouvement égal
& contraire ſeroit viſiblement impoſſible.

Si pluſieurs corps ſont attachés aux extrèmités de
différents fils réunis par les autres extrèmités à un
même nœud , & qu'on faſſe prendre au ſyſtême un
mouvement tel que chacun des corps reſte conſtamment
éloigné du nœud d'une même quantité égale à la lon-

pouffer par une verge, ou fe tirer par un fil, ne fe rapprocheront ni ne s'éloigneront l'un de l'autre au premier inftant, c'eft-à-dire qu'au premier inftant de ce mouvement géométrique, la viteffe relative de ces corpufcules voifins fera nulle ; en effet, il eft clair, premiérement, que fi *m* eft féparé d'un corpufcule voifin par une verge incompreffible, il ne pourra s'en rappro-

---

gueur du fil auquel il eft attaché , ce mouvement fera *géométrique*, quand même les différens corps fe rapprocheroient les uns des autres : mais fi quelqu'uns d'eux fe rapprochoient du nœud, le mouvement ne feroit plus *géométrique*, parce que les fils étant fuppofés inextenfibles, le mouvement égal & contraire feroit vifiblement impoffible.

Si deux corps font attachés aux extrêmités d'un fil dans lequel foit enfilé un grain mobile , il fuffira, pour que le mouvement foit *géométrique*, que la fomme des diftances du grain mobile à chacun des deux autres corps , foit conftamment égale à la longueur du fil ; de forte que fi ces deux corps font fixes, le grain mobile ne fortira pas d'une courbe elliptique.

Si un corps fe meut fur une furface courbe, par exemple dans la concavité d'une calotte fphérique, le mouvement fera *géométrique*, tant que le corps fe mouvra tangentiellement à la furface ; mais s'il s'en écarte, le mouvement ceffera d'être *géométrique*, parce que le mouvement égal & contraire eft vifiblement impoffible.

D'après tout cela, il eft évident, que quoiqu'en faifant prendre à un fyftême un mouvement *géométrique*, les différens corps de ce fyftême puiffent fe rapprocher les uns des autres, cependant on peut dire que les corpufcules voifins, confidérés deux à deux, ne tendent au premier inftant ni à fe rapprocher ni à s'éloigner, comme je le prouve au long dans le texte : les corps n'exercent donc aucune action les uns fur les autres, en vertu d'un pareil mouvement ; ces mouvemens font donc abfolument indépendans des regles de la dynamique ; & c'eft pour cette raifon que je les ai appellés *géométriques*.

cher ; & que s'il en eſt ſéparé par un fil inextenſible, il ne pourra s'en éloigner : secondement, je dis que s'il en eſt ſéparé par une verge
incompreſſible, il ne pourra non-plus s'en éloigner ; car s'il s'en éloignoit, il eſt clair qu'en
vertu du mouvement égal & directement oppoſé,
lequel eſt auſſi poſſible, par hypotheſe, il s'en
rapprocheroit ; ce qui ne ſe peut à cauſe de
l'incompreſſibilité de la verge ; par la même
raiſon enfin, il eſt viſible que ſi c'eſt un fil qui
ſépare m du corpuſcule voiſin, il ne pourra
s'en rapprocher, puiſqu'alors il ſeroit poſſible
qu'il s'en éloignât par un mouvement égal &
directement oppoſé ; or, cela ne ſe peut, à cauſe
de l'inextenſibilité du fil ; donc, quel que ſoit le
mouvement géométrique imprimé au ſyſtême,
la vîteſſe relative de tous ces corpuſcules voiſins
qui agiſſent les uns ſur les autres, pris deux à
deux, ſera nulle au premier inſtant : cela poſé,
nommons u la vîteſſe abſolue qu'aura m dans
le premier inſtant, en vertu de ce mouvement
géométrique, & γ l'angle compris entre les directions de u & U ; il eſt clair que les corpuſcules m ne tendront point à ſe rapprocher ni
à s'éloigner les uns des autres, en vertu des vîteſſes u, ſi on les ſuppoſe animés en même temps
de ces viteſſes u & des vîteſſes U ; ils ne tendront pas à ſe rapprocher ou à s'éloigner davantage que s'ils étoient animés des ſeules vîteſſes U ; donc l'action réciproque exercée entre
les différentes parties du ſyſtême ſera la même,
ſoit que chaque molécule ſoit animée de la ſeule
vîteſſe U, ou des deux vîteſſes u & U ; mais
ſi chaque molécule étoit animée de la ſeule vîteſſe U, il y auroit viſiblement équilibre ; donc
ſi elle eſt animée à la fois des deux vîteſſes

U & u, ou d'une vîteffe unique qui en foit la réfultante, U fera encore la vîteffe perdue par m; & partant, u fera la vîteffe réelle, après l'action réciproque : donc, par la même raifon qu'on a eu la première équation fondamentale (E), on aura auffi $\int m\, u\, U$ cof $\chi = 0$ (F); *feconde équation fondamentale*.

Il eft bien facile à préfent de réfoudre le problême que nous nous fommes propofés, car l'équation précédente devant avoir lieu, quelle que foit la valeur de u, & fa direction, pourvu que le mouvement auquel elle fe rapporte foit géométrique; il eft clair qu'en attribuant fucceffivement à cette indéterminée différentes valeurs & directions arbitraires, on obtiendra toutes les équations néceffaires entre les quantités inconnues, d'où dépend la folution du problême, & des quantités ou données ou prifes à volonté.

XVII. Pour achever de mettre cette folution dans tout fon jour, il fuffira d'en donner un exemple :

Suppofons donc que tout le fyftême fe réduife à un affemblage de corps liés entre eux par des verges inflexibles, de forte que toutes les parties du fyftême foient forcées de conferver toujours leurs mêmes pofitions refpectives; mais qu'il n'y ait aucun point fixe ou obftacle quelconque; l'équation (F) va nous donner la folution de ce problême, en attribuant fucceffivement à u différentes valeurs & différentes directions.

1°. Comme les vîteffes u ne font affujetties à aucune condition, finon que le mouvement du fyftême, en vertu duquel les corpufcules m ont ces vîteffes, foit *géométrique*, il eft évident

dent que nous pouvons d'abord les suppofer toutes égales & paralleles à une même ligne donnée ; alors u étant conftante, ou la même pour tous les points du fyftême, l'équation (F) fe réduira à $\int m\, U$ cof $\chi = 0$; ce qui nous apprend, que la fomme des forces perdues par l'action réciproque des corps, dans le fens arbitraire de u, eft nulle, & que par conféquent celle qui refte eft la même que fi chaque corps eût été libre : *principe très-connu.*

2°. Imaginons maintenant qu'on faffe tourner tout le fyftême au tour d'un axe donné, de forte que chacun des points décrira une circonférence autour de cet axe, & dans un plan qui lui fera perpendiculaire ; ce mouvement eft vifiblement géométrique ; donc l'équation (F) a lieu ; mais alors, en nommant R la diftance de m à l'axe, il eft clair qu'on a $u = AR$, A étant la même pour tous les points ; donc l'équation (F) fe réduit à $\int m\, R\, U$ cof $\chi = 0$; c'eft-à-dire que la fomme des moments des forces perdues par l'action réciproque, relativement à un axe quelconque, eft nulle : *autre principe très-connu.*

3°. Nous pourrions encore attribuer à u d'autres valeurs ; mais cela feroit inutile & meneroit à des équations déjà renfermées dans les précédentes ; car on fait que celles-ci fuffifent pour réfoudre la queftion, ou du moins pour la réduire à une affaire de pure géométrie.

Remarque I.

XVIII. Le but qu'on fe propofe, en imprimant un mouvement géométrique, eft de changer l'état du fyftême, fans cependaut altérer

C

l'action réciproque des corps qui le composent, afin de se procurer par-là des rapports entre ces forces exercées & inconnues, & les vitesses arbitraires que prennent les corps, en vertu de ces différents mouvements géométriques ; mais il faut remarquer qu'il y a un cas où les mouvements géométriques ne sont pas les seuls qui puissent remplir le même objet, & où quelques autres mouvements peuvent s'employer de même, pour tirer de l'équation générale (F) des équations déterminées ; ce cas arrive lorsque ces autres mouvements, sans être absolument géométriques, le deviennent cependant, en supprimant seulement quelques-uns des petits fils ou verges que nous avons imaginés interposés entre les particules adjacentes du système, lors dis-je que ces fils ou verges qui étoient supposés transmettre le mouvement d'un corpuscule à l'autre n'en transmettent en effet aucun ; c'est-à-dire lorsque la tension de quelques-uns de ces fils, ou la pression de quelques-unes de ces verges, est égale à zero : car alors, en supprimant ces fils & verges, dont les tensions ou pressions sont nulles, on ne change évidemment rien du tout à l'action réciproque des corps, & cependant il est possible qu'on rende par-là le système susceptible de quelques mouvements géométriques, qui ne pourroient avoir lieu sans cela : rien n'empêche donc alors qu'on ne regarde comme anéantis ces fils & verges, puisqu'ils n'influent en rien sur l'état du système, & qu'on n'emploie par conséquent comme géométriques, les mouvements qui, sans l'être effectivement, le deviennent cependant par cette suppression.

De plus, lorsque deux corps sont contigus l'un à l'autre, c'est la même chose évidemment de supprimer la petite verge que nous avons

imaginée interpofée entre deux , pour les empêcher de fe rapprocher , ou de fuppofer que
ces corps foient perméables l'un à l'autre , c'eft-
à-dire qu'ils puiffent fe pénétrer auffi facilement
que l'efpace vuide eft pénétré par tous les corps ;
d'où il fuit évidemment qu'en général , dans un
fyftême quelconque de corps agiffant les uns
fur les autres , foit immédiatement , foit par des
fils & verges , c'eft-à-dire par l'entremife d'une
Machine quelconque , s'il fe trouve quelque
fil , verge ou autre partie quelconque de la
Machine qui n'exerce aucune action fur les corps
qui lui font appliqués , c'eft-à-dire qui puiffe
être anéantie , fans qu'il en réfulte aucun
changement dans l'action réciproque de ces
corps , on pourra traiter comme géométriques
tous les mouvements qui , fans l'être effectivement , le deviendroient par cette fuppreffion , de
même que ceux qui le deviendroient auffi , en regardant comme librement perméables l'un à l'autre
ceux des corps entre lefquels il ne s'exerce aucune
preffion , quoiqu'ils foient adjacents. Voici maintenant quelle eft l'utilité de cette obfervation.

Si lorfqu'on entreprend la folution de quelque problême , on fait d'avance que telle partie de la Machine n'exerce aucune action fur
les autres parties du fyftême , on pourra fuppofer que cette partie de Machine eft totale-
ment anéantie , & chercher le mouvement du
fyftême d'après cette hypothefe , c'eft-à-dire en
traitant comme géométriques tous les mouvements qui le deviendroient réellement par cette
fuppofition ; & de même , fi l'une des conditions
données du problême , eft que tels corps adjacents n'exercent l'un fur l'autre aucune preffion ,
on exprimera cette condition , en regardant ces

deux corps comme perméables l'un à l'autre ;
c'eſt-à-dire en traitant comme géométriques les
mouvements qui le deviendroient en effet par
cette ſuppoſition.

Mais s'il arrivoit qu'on ignorât ſi cette pref-
ſion eſt réelle ou nulle, il faudroit chercher le
mouvement du ſyſtême, en ſuppoſant d'abord à
volonté l'un ou l'autre; on ſuppoſera donc,
par exemple, que cette preſſion eſt réelle; alors
ſi en cherchant, d'après cette hypotheſe, la valeur de cette preſſion, on la trouve réelle &
poſitive, on conclura que l'hypotheſe eſt légitime, & le réſultat exact; ſinon on ſeroit aſſuré
que la preſſion en queſtion eſt nulle, & qu'on
peut par conſéquent traiter comme géométriques
les mouvements qui le deviendroient en effet,
ſi les deux corps dont il s'agit étoient librement perméables l'un à l'autre.

De même, s'il y avoit dans le ſyſtême une
Machine, un fil par exemple, & qu'on ignorât
ſi la tenſion de ce fil eſt nulle ou réelle, on
pourroit faire le calcul, en ſuppoſant d'abord
qu'il y a réellement tenſion; alors, ſi l'on trouve
pour la valeur de cette tenſion une quantité
réelle & poſitive, on conclura que la ſuppoſition étoit légitime, & que le réſultat eſt exact;
ſinon il faudra recommencer le calcul, en partant de la ſuppoſition contraire, c'eſt-à-dire
en ſuppoſant que la tenſion du fil ſoit égale à
zero; ce qui ſe fera, en ſuppoſant le fil anéanti,
c'eſt-à-dire en traitant comme géométriques les
mouvements qui le ſeroient effectivement, ſi le
fil en queſtion n'exiſtoit pas.

Il ſuit delà que pour tirer dans chaque cas
particulier de l'équation générale (F), toutes les
équations déterminées qu'elle peut donner, il

faut , 1°. faire prendre au fyftême tous les mouvements géométriques dont il eft fufceptible ;
2°. traiter encore comme tels tous ceux qui le
deviendroient, en fupprimant quelque Machine
ou partie de Machine , dont l'action fur le refte
du fyftême foit nulle, ou en regardant comme
perméables l'un à l'autre les corps entre lefquels , quoiqu'adjacents , il ne s'exerce aucune
preffion ; 3°. enfin , fi l'on eft en doute que
tel fil , verge ou partie quelconque de Machine
ait ou non une action réelle fur les autres parties
du fyftême , ou qu'il y ait preffion réelle entre
deux corps adjacents , il faut éclaircir d'abord ce
doute , en fuppofant la chofe en queftion , comme
on l'a expliqué ci-deffus , & traitant comme
géométriques les mouvements que ces fuppofitions auront fait découvrir pouvoir être pris
pour tels.

D'après cette remarque , il paroît donc à
propos d'étendre le nom de *géométriques* à tous
les mouvements, qui fans l'être effectivement,
le deviennent, en fupprimant quelque Machine
ou partie de Machine qui n'influe en rien fur
l'état du fyftême, & en regardant auffi comme
parfaitement perméables l'un à l'autre les corps
qui fe touchent, fans qu'il s'exerce entre eux
aucune preffion, c'eft-à-dire fans qu'il y ait
autre chofe qu'une fimple juxtapofition : ainfi
nous comprendrons dorénavant tous ces mouvements, fous le nom commun de *mouvements
géométriques* , puifqu'en effet ils fe déterminent
également par des opérations purement géométriques, & s'emploient de même pour tirer de
l'équation générale (F), des équations déterminées, attendu que la propriété générale &

exclufive (1) de ces mouvements, eft de changer l'état du fyftême , fans altérer l'action réciproque des corps qui le compofent; cependant, pour laiffer entre eux quelque diftinction,
on peut appeler les premiers , *mouvements géométriques abfolus* , & les autres, *mouvements géométriques par fuppofition ;* mais lorfque je par-
lerai fimplement de mouvements géométriques,
fans les défigner autrement, on entendra indif-
féremment les uns & les autres.

Cela pofé , puifque nous avons expliqué
comment on peut déterminer, fans le fecours
d'aucun principe méchanique, tous les mouvements géométriques dont un fyftême donné eft
fufceptible, il s'enfuit que le problême général
que nous nous étions propofé, fe trouve en-
tiérement réduit par l'équation générale (F),
à des opérations purement géométriques & ana-
lytiques ; il faut cependant obferver qu'il ne fuffit
pas d'attribuer aux arbitraires *u*, différentes valeurs, mais qu'il faut auffi leur attribuer différents rapports ou directions; car fi l'on fe
contentoit de leur attribuer différentes valeurs,

_____

(1) Il eft évident que cette propriété appartient
fucceffivement aux mouvements que j'appelle ici géométriques , & que ce feroit par conféquent en avoir
une idée très-fauffe, que de les regarder comme des
mouvements fimplement poffibles , c'eft-à-dire compati-
bles avec l'impénétrabilité de la matiere : car , fuppofons
par exemple que tout le fyftême fe réduife à deux globes
adjacents , & fe pouffant l'un l'autre ; il eft clair que fi
l'on force ces corps à fe féparer, ou à fe mouvoir
en fens contraire l'un de l'autre , ce mouvement ne
fera pas impoffible , mais qu'en même temps les corps
ne peuvent le prendre fans ceffer d'agir l'un fur l'autre:
ce mouvement n'eft donc pas propre à remplir le but
qu'on fe propofe , qui eft de ne rien changer à l'action
réciproque des corps.

fans rien changer aux rapports ni aux directions, on obtiendroit différentes équations toutes
juftes à la vérité, mais qui fe réduiroient évidemment à la même, en les multipliant par différentes conftantes.

Remarque II.

XIX. Comme il n'eft encore queftion jufqu'ici que de corps durs, il eft clair que parmi
les différentes valeurs qu'on peut attribuer à u,
la vîteffe V eft elle-même comprife, c'eft-à-dire
que le mouvement réel du fyftême eft lui-
même un des mouvements géométriques dont
il eft fufceptible; la premiere équation (E) eft
donc contenue dans l'équation.indéterminée (F),
& par conféquent on peut réduire à cette feule
équation (F) toutes les loix de l'équilibre &
du mouvement dans les corps durs.

Or, on vient de voir que cette équation n'eft
autre chofe que la premiere (E), à laquelle on
eft parvenu à donner plus d'extenfion, par le
moyen des mouvements géométriques; mais,
comme on le verra bientôt (XXIV), l'analogie de
cette équation (E) avec le principe de la confervation des forces vives dans le choc des
corps parfaitement élaftiques, devient frappante,
par une légere transformation; & nous verrons
(XXVI), qu'en effet ce n'eft autre chofe que ce
principe lui-même transféré aux corps durs, avec
la modification qu'exige la différente nature de
ces corps : c'eft donc cette confervation de
forces vives, qui fervira, comme nous en avions
prévenu, de bafe à toute notre théorie des Machines, foit en repos, foit en mouvement.

D'après ces remarques, on va récapituler brié-

vement la folution du problême précédent ; pour
faire voir d'un coup d'œil la fuite des opérations qu'on vient d'indiquer.

Problême.

XX. *Connoiffant le mouvement virtuel d'un
fyftême quelconque donné de corps durs (c'eft-à-
dire celui qu'il prendroit , fi chacun des corps étoit
libre) trouver le mouvement réel qu'il doit avoir
l'inftant fuivant.*

Solution. Nommons

Chaque molécule du fyftême ;	m
Sa vîteffe virtuelle donnée,	W
Sa vîteffe réelle cherchée,	V

La vîteffe qu'elle perd , de forte que
W foit la réfultante de V & de cette
vîteffe , U

Imaginons maintenant qu'on faffe prendre au fyftême un *mouvement géométrique*
arbitraire , & foit la vîteffe qu'aura alors m, u

L'angle formé par les directions de
W & V, X

L'angle formé par les directions de
W & U, Y

L'angle formé par les directions de
V & U, Z

L'angle formé par les directions de
W & u , x

L'angle formé par les directions de
V & u , y

L'angle formé par les directions de
U & u , z

Cela pofé , on aura l'équation $\int m\, u\, U \cos z$
$= o$ (F) , par le moyen de laquelle on trouvera dans tous les cas l'état du fyftême , en attribuant fucceffivement aux indéterminées u , dif-

férents rapports & directions arbitraires.

Définitions.

XXI. Imaginons un fyftême de corps en mouvement d'une maniere quelconque : foient m la maffe de chacun de ces corps, & V fa vîteffe ; fuppofons maintenant qu'on faffe prendre au fyftême un mouvement quelconque géométrique, & foient u la vîteffe qu'aura alors m (& que j'appellerai fa *vîteffe géométrique*) & y l'angle compris entre les directions de V & u ; cela pofé, la quantité $m\,u\,V$ cof y fera nommée moment de la quantité de mouvement $m\,V$, à l'égard de la vîteffe géométrique u, & la fomme de toutes ces quantités, c'eft-à-dire $\int m\,u\,V$ cof y, fera nommée moment de la quantité de mouvement du fyftême à l'égard du mouvement géométrique, qu'on lui a fait prendre : ainfi *le moment de la quantité de mouvement d'un fyftême de corps, à l'égard d'un mouvement quelconque géométrique, eft la fomme des produits des quantités de mouvement des corps qui le compofent, multipliées chacune par la vîteffe géométrique de ce corps, eftimée dans le fens de cette quantité de mouvement.* De forte qu'en confervant les dénominations du problême, $\int m\,u\,W$ cof x eft le moment de la quantité de mouvement du fyftême avant le choc; $\int m\,u\,V$ cof y eft le moment de la quantité de mouvement du même fyftême après le choc; & $\int m\,u\,U$ cof z eft le moment de la quantité de mouvement perdu dans le choc : (tous ces moments étant rapportés au même mouvement géométrique). Ainfi de l'équation fondamentale (F) on peut conclure que *dans le choc des corps durs, foit que ces corps foient tous* *mobiles, ou qu'il y en ait de fixes, ou ce qui revient au même, soit que ce choc soit immédiat, ou qu'il se faſſe par le moyen d'une Machine quelconque ſans reſſort, le moment de la quantité de mouvement perdue par le ſyſtéme général eſt égal à zero.*

W étant la réſultante de V & U, il eſt clair qu'on à W coſ $x =$ coſ $y + U$ coſ z, ou $m\,u$ W coſ $x = m\,u\,V$ coſ $y + m\,u\,U$ coſ z, ou enfin $\int m\,u\,W$ coſ $x = \int m\,u\,V$ coſ $y + \int m\,u$ U coſ z; or, nous avons trouvé $\int m\,u\,U$ coſ $z = 0$; donc $\int m\,u\,W$ coſ $x = \int m\,u\,V$ coſ y, c'eſt-à-dire qu'à *l'égard d'un mouvement quelconque géométrique, le moment de quantité de mouvement du ſyſtéme, immédiatement après le choc, eſt égal au moment de quantité de mouvement immédiatement avant le choc.*

Lorſqu'on décompoſe la vîteſſe que prendroit un corps s'il étoit libre, en deux, dont l'une ſoit la vîteſſe qu'il prend réellement, l'autre eſt la vîteſſe qu'il perd ; & réciproquement ſi l'on décompoſe la vîteſſe qu'il prend, en deux, dont l'une ſoit celle qu'il auroit priſe s'il eût été libre, l'autre fera la vîteſſe qu'il gagne : d'où il ſuit viſiblement que ce qu'on entend par la vîteſſe gagnée par un corps, & ce qu'on entend par ſa vîteſſe perdue, ſont deux quantités égales & directement oppoſées : cela poſé, le moment de la quantité de mouvement perdue par m, à l'égard de la vîteſſe géométrique u, étant, ſuivant la définition précédente $m\,u\,U$ coſ z, le moment de la quantité de mouvement gagnée par le même corps fera $- m\,u\,U$ coſ z; car il n'y a de différence entre ces deux quantités, qu'en ce que l'angle compris entre u & la vîteſſe gagnée, eſt le ſupplément de celui compris entre u & U; de ſorte que l'un de ces angles étant aigu, l'autre fera obtus, & fon cofinus égal au cofinus de l'autre, pris négativement.

Il fuit delà que le moment de la quantité de mouvement perdue par le fyftême général, à l'égard d'un mouvement quelconque géométrique, (lequel eft nul, comme on l'a vu ci-def-fus), eft la même chofe que la différence entre le moment de quantité de mouvement perdue par une partie quelconque des corps qui le compofent, & le moment de la quantité de mouvement gagnée par les autres corps du même fyftême; donc cette différence eft égale à zero; donc l'une de ces deux quantités eft égale à l'autre, c'eft-à-dire que *le moment de quantité de mouvement perdue dans le choc par une partie quelconque des corps du fyftême, à l'égard d'un mouvement quelconque géométrique, eft égal au moment de quantité de mouvement gagnée par les autres corps du même fyftême.*

On peut donc, de la définition précédente, re-cueillir les trois propofitions contenues dans le théorême fuivant.

Théoréme.

XXII. *Dans le choc des corps durs, foit que ce choc foit immédiat, ou qu'il fe faffe par le moyen d'une Machine quelconque fans reffort, il eft conf-tant qu'à l'égard d'un mouvement quelconque géo-métrique:*

1º. *Le moment de la quantité de mouvement perdue par-tout le fyftême, eft égal à zero.*

2°. *Le moment de la quantité de mouvement perdue par une partie quelconque des corps du fyf-tême, eft égal au moment de la quantité de mou-vement gagnée par l'autre partie.*

3°. *Le moment de la quantité de mouvement réelle du fyftême général, immédiatement après le choc, eft égal au moment de la quantité de mouvement du même fyftéme, immédiatement avant le choc.*

Il eft clair, par la définition précédente, que ces trois propofitions font identiques au fonds, & ne font autre chofe que l'équation même fondamentale (F) exprimée de diverfes manieres.

On peut remarquer auffi que ces propofitions ont beaucoup de rapport à celles que l'on tire de la confidération des moments, relativement à différents axes ; mais celles-ci font moins générales, & fe tirent aifément de celles qu'on vient d'établir (XVII).

Il y a donc, comme on voit, par la troifieme propofition de ce théorême ; il y a, dis-je, dans toute percuffion ou communication de mouvement, foit immédiate, foit faite par l'entremife d'une Machine, une quantité qui n'eft point altérée par le choc : cette quantité n'eft pas, comme l'avoit penfé *Defcartes*, la fomme des quantités de mouvement ; ce n'eft pas non-plus la fomme des forces vives, car celle-ci ne fe conferve que dans le cas où le mouvement change par degrés infenfibles, comme on verra plus bas, & elle diminue toujours lorfqu'il y a percuffion, comme on le prouvera dans le corollaire fecond : lorfque le fyftême eft libre, la quantité de mouvement eftimée dans un fens quelconque, eft à la vérité la même avant & après la percuffion ; mais cette confervation n'a plus lieu, s'il y a des obftacles, non-plus que celle des moments de quantité de mouvements rapportés à différents axes : toutes ces quantités font donc altérées par le choc, ou du moins ne fe confervent que dans quelques cas particuliers ; mais il y a une autre quantité que ni les divers obftacles qui s'oppofent au mouvement, ni les Machines qui le tranfmettent, ni l'intenfité des différentes percuffions ne peuvent changer ; c'eft le moment de quantité de mouvement du fyftême général, à l'égard de chacun des mouvements géométriques dont il eft fufceptible, & ce principe renferme en lui feul toutes les loix de l'équilibre & du mouvement dans les corps durs ; nous verrons même dans le corollaire IV, que cette loi s'étend également aux autres efpeces de corps, quelle qu'en foit la nature & le degré d'élafticité.

Si le choc détruifoit tous les mouvements, on auroit $V = 0$, ainfi l'équation fe réduiroit à $\int m\, W\, u\, \cos x = 0$, qui nous apprend que ce cas arrive, c'eft-à-dire que tous les mouvements fe détruifent réciproquement par le choc, dans le cas où immédiatement avant ce choc, le *moment de la quantité de mouvement* du fyftême général eft nul relativement, à tous les mouvements géométriques dont il eft fufceptible.

Corollaire I.

XXIII. *Parmi tous les mouvements dont eft fufceptible un fyftême quelconque de corps durs agiffants les uns fur les autres, foit par un choc immédiat, foit par des Machines quelconques fans reffort, celui de ces mouvements qui aura lieu réellement, l'inftant d'après, fera le mouvement géométrique, qui eft tel que la fomme des produits de chacune des maffes, par le carré de la vîteffe qu'elle perdra, eft un* minimum *, c'eft-à-dire moindre que*

la fomme des produits de chacun de ces corps, par
la vîteffe qu'il auroit perdue, fi le fyftême eût pris
un autre mouvement quelconque géométrique.

Sur quoi il faut remarquer qu'en donnant pour
minimum la fomme des produits de chaque maffe,
par le carré de fa viteffe perdue, j'entends feule-
lement que la différentielle de cette fomme eft
nulle, c'eft-à-dire que fa différence avec ce qu'elle
feroit fi le fyftême avoit un mouvement géométrique infiniment peu différent du premier,
eft égal à zero : ainfi cette fomme peut être
quelquefois un *maximum*, ou même n'être ni
un *maximum* ni un *minimum*, & j'ai feulement
à établir que $d \int m U^2 = 0$.

Démonftration. Il eft d'abord évident que le
vrai mouvement du fyftême après le choc doit
être géométrique, car les mouvements géométriques étant ceux qui n'alterent point l'action
qui s'exerce entre les corps, il eft clair que le
premier en ordre eft le mouvement même que
prend le fyftême : il s'agit donc de favoir quel
eft, parmi tous les mouvements géométriques
poffibles, celui qui doit avoir lieu : or, fuppofons que s'il en prenoit un autre infiniment peu
différent de celui qu'on cherche, la vîteffe de
chaque molécule m fût alors V' ; décompofons
V' en deux, dont l'une foit V ; c'eft-à-dire la
vîteffe réelle, & l'autre V'', cela pofé, il eft
évident que fi les corps n'avoient pas d'autres vîteffes que ces dernieres V'', le mouvement
feroit encore géométrique, car V'' eft vifiblement la réfultante de V' & d'une vîteffe égale
& directement oppofée à V ; or, par hypothefe,
les molécules prifes deux à deux ne tendent ni
en vertu de V', ni en vertu de $-V$, à fe rapprocher ou à s'éloigner, puifque dans ces deux

cas le mouvement eft géométrique ; donc , en fuppofant que les molécules m aient à la fois les
vîteffes V' & $- V$, ou leur réfultante V'',
ils ne tendront non-plus ni à fe rapprocher ni
à s'éloigner ; & partant, le mouvement fera alors
géométrique : donc, fi l'on appelle ζ'' l'angle
compris entre les directions de V'' & U, on
aura par l'équation fondamentale (F) $\int m\, U\, V''$
cof $\zeta = 0$; d'un autre côté, nommons U' la
vîteffe que perdroit m fi fa vîteffe effective étoit
V', de forte que W foit la réfultante de V' & de
U', il faudra néceffairement que U' foit compofée
de U & d'une vîteffe égale & directement oppofée
à V'' ; d'où il fuit évidemment que $U' - U$ ou
$dU = - V''$ cof ζ'' ; donc l'équation $\int m\, U\, V''$
cof $\zeta'' = 0$, trouvée ci-deffus, devient $\int m\, U\, dU$
$= 0$ ou $d \int m\, U^2 = 0$.

Je fuppofe, par exemple, que deux globes
A & B, venant à fe choquer obliquement, on
demande leurs mouvements après le choc.

Suppofons que la vîteffe de A, eftimée fuivant
la ligne des centres, foit avant le choc a, &
après le choc V ; que celle de B, auffi eftimée
fuivant la ligne des centres, foit avant le choc
b, & après le choc u ; que celle de A, eftimée
perpendiculairement à la même ligne, foit avant
le choc a', & après le choc V' ; qu'enfin celle
de B, auffi eftimée perpendiculairement à cette
ligne des centres, foit avant le choc b', & après
le choc u' ; cela pofé, par notre propofition, le
mouvement devant être géométrique , il faut
d'abord qu'on ait $V = u$, ainfi la vîteffe perdue par A, fuivant la ligne des centres, fera $a - u$,
& celle perdue par B, dans le même fens , fera
$b - u$; de plus, dans le fens perpendiculaire à
la ligne des centres, la vîteffe perdue par A

fera $a' - V'$, & celle perdue par B, fera $b' - u'$; donc $\sqrt{(a - u)^2 + (a' - V')^2}$ fera la vîteffe abfolue perdue par A, & celle perdue par B fera $\sqrt{(b - u)^2 + (b' - u')^2}$; donc, fuivant la propofition, on doit avoir $d(A(a - u)^2 + A(a' - V')^2 + B(b - u)^2 + B(b' - u')^2) = 0$, ou $A(a - u)du + A(a' - V')dV' + B(b - u)du + B(b' - u')du' = 0$, équation qui doit avoir lieu généralement, c'eft-à-dire, quelles que foient les valeurs de du, dV', & du' ; il faut donc que le coefficient de chacune de ces différentielles foit égal à zéro ; ce qui donne $V' = a'$, $u' = b'$, & $u = \dfrac{Aa + Bb}{A + B}$; *ce qu'il falloit trouver.*

Il eft clair que cette propofition renferme toutes les loix du choc des corps durs, foit que ce choc foit immédiat, ou qu'il fe faffe par le moyen d'une Machine quelconque, puifqu'il affigne le caractere auquel on reconnoîtra parmi tous les mouvements qui font poffibles, celui qui doit avoir lieu réellement à chaque inftant : ce principe a beaucoup d'analogie avec celui que *M. de Maupertuis* a trouvé & nommé *principe de la moindre action.* (*Effai de cofmologie*).

Corollaire II.

XXIV. *Dans le choc des corps durs, foit qu'il y en ait de fixes, ou qu'ils foient tous mobiles (ou ce qui revient au même), foit que ce choc foit immédiat, ou qu'il fe faffe par le moyen d'une Machine quelconque fans reffort ; la fomme des forces vives avant le choc, eft toujours égale à la fomme des forces vives après le choc, plus*

la

la somme des forces vives qui auroit lieu si la vitesse qui reste à chaque mobile, étoit égale à celle qu'il a perdue dans le choc.

C'est-à-dire qu'il faut prouver l'équation suivante $\int m\,W^2 = \int m\,V^2 + \int m\,U^2$; or, elle se déduit facilement de l'équation fondamentale (E), car W étant résultante de V & U, il est clair que W V & U sont proportionnelles aux trois côtés d'un certain triangle : donc, par la trigonométrie, on a $W^2 = V^2 + U^2 + 2\,V\,U\cos Z$: donc, $\int m\,W^2 = \int m\,V^2 + \int m\,U^2 + 2\int m\,V\,U\cos Z$: or, par l'équation (E) on a $\int m\,V\,U\cos Z = 0$; donc l'équation précédente se réduit à $\int m\,W^2 = \int m\,V^2 + \int m\,U^2$; *ce qu'il falloit prouver.*

On voit donc, comme nous l'avons dit (XXI), que par cette transformation l'analogie de l'équation (E) avec la conservation des forces vives, devient frappante ; aussi peut-on aisément démontrer l'une par l'autre, comme on verra (XXVI).

L'analogie de cette même équation avec la conservation des forces vives dans un système de corps durs dont le mouvement change par degrés insensibles, est encore plus évidente, puisqu'il s'agit alors d'un cas particulier de celui que nous venons d'examiner ; c'est en effet visiblement le cas particulier ou U est infiniment petite, & partant U^2 infiniment petite du second ordre ; ce qui réduit l'équation à $\int m\,W^2 = \int m\,V^2$; mais cette conservation sera expliquée plus au long dans le corollaire suivant.

Corollaire III.

XXV. *Lorsqu'un système quelconque de corps durs change de mouvement par degrés insensibles ;*

D

ſi pour un inſtant quelconque on appelle m *la maſſe de chacun des corps*, V *ſa vîteſſe*, p *ſa force motrice*, R *l'angle compris entre les directions de* V & p, u *la viteſſe qu'auroit* m, *ſi on faiſoit prendre au ſyſtême un mouvement quelconque géométrique*, r *l'angle formé par* u & p, y *l'angle formé par* V & u, d t *l'élément du temps, on aura ces deux équations*

$$\int m\,V\,p\,d\,t\ coſ\,R - \int m\,V\,d\,V = o.$$
$$\int m\,u\,p\,d\,t\ coſ\,r - \int m\,u\,d\,(V\ coſ\,y) = o.$$

Démonſtration. Premiérement, *p d t coſ R* eſt viſiblement la vîteſſe que la force motrice *p* auroit imprimée à *m* dans le ſens de *V*, ſi ce corps eût été libre ; de plus, *d V* eſt la vîteſſe qu'il reçoit réellement dans le même ſens ; donc *p d t coſ R — d V* eſt la vîteſſe perdue par *m* dans le ſens de *V*, en vertu de l'action réciproque des corps : c'eſt donc cette quantité qu'il faut mettre pour *U coſ Z* dans l'équation fondamentale (E), laquelle devient par cette ſubſtitution $\int m V p d t\,coſ R - \int m V d V = o$, qui eſt la premiere des deux équations que nous avions à démontrer.

Secondement, *p d t coſ r* eſt la vîteſſe que la force motrice *p* auroit imprimée à *m* dans le ſens de *u*, ſi ce corps eût été libre ; de plus, *V coſ y* étant la vîteſſe de *m* dans le ſens de *u*, *d (V coſ y)* eſt la quantité dont cette vîteſſe eſtimée dans le même ſens augmente ; donc *p d t coſ r — d (V coſ y)* eſt la vîteſſe perdue par *m* dans le ſens de *u*, en vertu de l'action réciproque des corps : c'eſt donc cette quantité qu'il faut mettre pour *U coſ z* dans la ſeconde équation (F), laquelle devient par cette ſubſtitution $\int m u p d t\,coſ r - \int m u d (V coſ y) = o$, qui eſt la ſeconde des deux équations que nous avions à démontrer.

Ces équations ne ſont donc autre choſe que les équations fondamentales (E) & (F) appliquées au cas où le mouvement change par degrés infenfibles ; & partant, elles renferment toutes les loix de ce mouvement : on peut remarquer de plus, que la premiere de ces deux équations n'eft qu'un cas particulier de la feconde, par la même raifon que l'équation (**E**) d'où elle eft tirée, eft contenue dans celle (**F**) d'où eft tirée la feconde ; mais cette premiere équation $\int m\, V\, p\, d\, t\, \text{cof}\, R - \int m\, V\, d\, V = 0$ mérite une attention particuliere ; parce qu'elle renferme le fameux principe de la confervation des forces vives dans un fyftême de corps durs dont le mouvement change par degrés infenfibles, comme on va l'expliquer.

Nommons d'abord $d\,s$ l'élément de la courbe décrite par le corpufcule m pendant $d\,t$; cela pofé, nous aurons $V\,d\,t = d\,s$; & partant, l'équation précédente prend cette forme $\int m\, p\, d\, s\, \text{cof}\, R - \int m\, V\, d\, V = 0$: maintenant fuppofons pour un inftant que la courbe décrite par m foit une ligne inflexible, que m foit un grain mobile enfilé dans cette courbe, qu'il la parcourt librement, c'eft-à-dire fans être gêné par les réactions des autres parties du fyftême, qu'il éprouve à chaque point de cette courbe la même force motrice que celle dont il étoit animé dans le premier cas, & qu'enfin dans ce premier cas la vîteffe initiale de m foit $\varkappa$, tandis que dans le fecond elle fera nulle au premier inftant, & V' après un temps indéterminé t ; cela pofé, en intégrant l'équation précédente pour avoir l'état du fyftême au bout du temps t ; nous aurons pour le premier cas $\int' \int m\, p\, d\, s\, \text{cof}\, R - \int' \int m\, V\, d\, V = 0$, $\int'$ défignant le figne d'intégration relatif à la durée du mouvement, tandis que $\int$ eft le figne d'intégration relatif à la figure du fyftême ; or, $\int' \int m \, V d V = \underset{2}{\underline{\int m \, V^2}}$: donc l'é-

quation peut fe mettre fous cette forme $\int' \int m$ $p \, d s \, \text{cof} \, R - \int m \, V^2 + C = 0$; C étant une conftante ajoutée pour compléter l'intégrale, pour la déterminer, on obfervera qu'au premier inftant on a $V = \kappa \, \& \int' \int m \, p \, d s \, \text{cof} \, R = 0$; donc $C = \int m \, \kappa^2$; donc $^2 \int' \int m \, p \, d s \, \text{cof} \, R -$

$\int m \, V^2 + \int m \, \underset{2}{\kappa^2} = 0$; par les mêmes raifons on a pour le fecond cas $^2 \int' \int m \, p \, d s \, \text{cof} \, R -$ $\int m \, V'^2 = 0$, fans conftante, parce qu'on fup-pofe V' nulle au premier inftant ; ôtant donc cette équation de la précédente, réduifant, & tranfpofant, on a $\int m \, V^2 = \int m \, \kappa^2 + \int m \, V'^2$; c'eft-à-dire que *dans un fyftéme quelconque de corps durs, dont le mouvement change par degrés infen-fibles, la fomme des forces vives au bout d'un temps quelconque, eft égale à la fomme des forces vives initiales, plus la fomme des forces vives qui auroit lieu, fi chaque mobile avoit pour vîteffe celle qu'il auroit acquife en parcourant librement la courbe qu'il a décrite, en fuppofant d'ailleurs qu'il eût été animé à chaque point de cette courbe, de la même force motrice qu'il y éprouve réellement, & que fa vîteffe au premier inftant eût été nulle.*

C'eft cette propofition qu'on appelle principe de la confervation des forces vives, & d'où l'on peut conclure que,

Dans un fyftéme de corps durs dont le mouve-ment change par degrés infenfibles, & qui ne font animés d'aucune force motrice, la fomme des forces vives eft une quantité conftante, c'eft-à-dire la même pour tous les inftants.

Car dans ce cas on a par hypothefe $p = 0$, ce qui donne $V' = 0$, & partant $\int m \, V^2 =$

$\int m \kappa^2$; équation qui fe tire d'ailleurs immédiatement de celle $\int m p V d t$ cof $R - \int m V d V = 0$ trouvée (XXIV), laquelle à caufe de $p = 0$, fe réduit à $\int m V d V = 0$, dont l'intégrale complétée eft $\frac{1}{2} \int m V^2 - \frac{1}{2} \int m \kappa^2 = 0$; d'où fuit l'équation $\int m V^2 = \int m \kappa^2$: qu'il falloit p rouver.

Corollaire I V.

X X V I. J'ai prouvé (XIX), que l'équation indéterminée (F) renferme toutes les loix de l'équilibre & du mouvement dans les corps durs ; je vais maintenant plus loin , & je dis que cette équation convient également aux corps qui ne le font pas , & que par conféquent cette loi générale s'étend indiftinctement à tous les corps de la nature : en effet , lorfque plufieurs corps qui ne font pas durs agiffent les uns fur les autres d'une maniere quelconque , fi l'on conçoit le mouvement qu'auroit pris chaque mobile s'il eût été libre , décompofé en deux , dont l'un foit celui qu'il prendra réellement , l'autre fera détruit ; d'où il fuit vifiblement que fi les corps euffent été durs & n'euffent eu d'autres mouvements que ce dernier , il y auroit eu équilibre : ces mouvements détruits font donc affujettis aux mêmes loix , ont entre eux les mêmes rapports , & peuvent enfin fe déterminer de la même maniere que fi les corps étoient durs , c'eft-à-dire par l'équation générale (F) ; cette équation (F) n'eft donc point bornée aux corps durs , elle appartient également à tous les corps de la nature , & contient par conféquent toutes les loix de l'équilibre & du mouvement, non-feulement pour les premiers, mais même pour tous les autres, quel que puisse être leur degré de compressibilité ; mais la différence consiste en ce que l'on peut, dans le cas où il s'agit de corps durs, supposer $u = V$; de sorte qu'alors $\int m \, V \, U \cos Z = 0$, devient une des équations déterminées du problème, au lieu que cela n'est pas lorsque les corps sont d'une nature différente : c'est donc cette équation déterminée, laquelle est la même que la première équation fondamentale (E), c'est dis-je cette équation déterminée qui caractérise les corps durs, & par conséquent il est absolument nécessaire de l'employer au moins implicitement dans toutes les questions qui concernent ces corps ; & lorsqu'il s'agit de corps d'une autre espece, il faut, outre les équations déterminées, qu'on peut obtenir en attribuant à u dans l'équation indéterminée, (F) différentes valeurs connues, il faut, dis-je en tirer encore une qui soit analogue à l'équation (E), & qui exprime en quelque sorte la nature de ces corps, de même que celle-ci (E) exprime celle des corps durs ; mais comme cette recherche n'a qu'un rapport fort indirect aux Machines proprement dites, nous nous bornerons ici à examiner le cas où le degré d'élasticité est le même pour tous les corps, c'est-à-dire que nous supposerons qu'en vertu de l'élasticité, les corps exercent les uns sur les autres des pressions n fois aussi grandes que si les corps étoient durs, n étant la même pour tous les corps du système ; nous supposerons de plus que la pression & la restitution se fassent dans un instant indivisible, quoiqu'en rigueur cela soit impossible. Cela posé :

Les pressions réciproques F devenant $n F$, auront entre elles les mêmes rapports que si les corps étoient durs ; donc leurs réſultantes $m\,U$ n'auront point changé de directions, mais feront feulement devenues n fois auffi grandes qu'elles auroient été ſi les corps avoient été durs ; cela poſé, puiſque W eſt la réſultante de V & U, on a V coſ $Z = W$ coſ $Y — U$; ainſi l'équation (E) à laquelle nous cherchons une analogue, peut ſe mettre ſous cette forme $\int m\,W\,U$ coſ $Y — \int m\,U^2 = o$; or, ſuivant ce qu'on vient de dire, il faut, pour appliquer cette équation au cas dont il s'agit ici, mettre $\dfrac{U}{n}$ au lieu de U, ſans rien changer à Y ; donc pour le cas que nous examinons, l'équation fera $\int m\,W\,\dfrac{U}{n}$ coſ $Y - \int \dfrac{m\,U^2}{n^2} = o$: ou en multipliant par n^2, $n\int m\,W\,U$ coſ $Y — \int m\,U^2 = o$, ou à cauſe de W coſ $Y = V$ coſ $Z + U$ on aura $\dfrac{n}{1-n}\int m\,V\,U$ coſ $Z = \int m\,U^2$; ainſi cette équation fera pour les corps dont il s'agit ce qu'eſt l'équation (E) pour les corps durs, & celle-ci même en eſt le cas particulier où l'on a $n = 1$, comme il eſt évident.

Lorſque $n = 2$ c'eſt le cas des corps parfaitement élaſtiques, & l'équation devient $2 \int m\, V\,U$ coſ $Z + \int m\,U^2 = o$; mais cette équation relative aux corps parfaitement élaſtiques, peut s'exprimer d'une manière connue & plus ſimple, comme il ſuit : puiſque W eſt la réſultante de V & U, on a par la trigonométrie $W^2 = V^2 + U^2 + 2\,V\,U$ coſ Z ; & partant $\int m\,W^2 = \int m\,V^2 + \int m\,U^2 + 2 \int m\,V\,U$ coſ Z ; ajoutant à cette équation celle trouvée ci-deſſus, & réduiſant, on a $\int m\,W^2 = \int m\,V^2$, qui eſt pré-

cifément le principe de la conſervation des
forces vives, c'eſt-à-dire que cette conſervation
eſt pour les corps parfaitement élaſtiques, ce
qu'eſt l'équation (E) pour les corps durs, comme
nous avions promis de le prouver.

Remarque I.

XXVII. Je ne m'arrêterai point aux conſé-
quences particulieres que je pourrois tirer de
la ſolution du problême précédent; je remar-
querai ſeulement que les vîteſſes W, V, U,
étant toujours proportionnelles aux trois côtés
d'un triangle, la trigonométrie peut fournir les
moyens de donner un grand nombre de formes
différentes aux équations fondamentales (E) &
(F), & je me contenterai d'en indiquer une
qui eſt remarquable, à cauſe de la méthode imaginée par les Géometres, de rapporter les mouvements à trois plans perpendiculaires entre eux;
ce qui donne aux ſolutions beaucoup d'élégance
& de ſimplicité.

Imaginons donc à volonté trois axes perpendiculaires entre eux, & concevons que les vîteſſes W, V, U & u, ſoient décompoſées chacune en trois autres paralleles à ces axes. Cela
poſé. Nommons

Celles qui répondent à W, W', W'', W'''.
Celles qui répondent à V, V', V'', V'''.
Celles qui répondent à U, U', U'', U'''.
Celles qui répondent à u, u', u'', u'''.

Maintenant, pour peu qu'on y faſſe attention,
on verra aiſément que la premiere équation
fondamentale (E) peut ſe mettre ſous cette
forme $\int m V' U' + \int m V'' V'' + \int m V''' U'''$
$= 0$, & la ſeconde (F) ſous celle-ci $\int m u' U'$

$+\int m\, u'' U'' +\int m\, u''' U''' = 0$, parce qu'en général toute quantité qui est le produit de deux vîtesses A & B, par le cosinus de l'angle compris entre elles, est égale à la somme de trois autres produits $A' B' + A'' B'' + A''' B'''$; A', A'', A''', étant la vîtesse A estimée de ces trois axes, & $B' B'' B'''$ étant la vîtesse B estimée dans le sens de ces mêmes axes; c'est-à-dire A' étant la vîtesse A, & B' la vîtesse B, estimées parallelement au premier de ces axes; A'' & B'' les mêmes vîtesses A & B estimées parallelement au second axe; A''' & B''' les mêmes vîtesses estimées parallelement au troisieme axe : ce qui se prouve aisément par les éléments de géométrie.

Dans le cas d'équilibre, la premiere de ces équations transformées se réduit à $o = o$, & la seconde, à cause que dans ce cas $W = U$ devient $\int m\, u' W' + \int m\, u'' W'' + \int m\, u''' W''' = o$, laquelle exprime toutes les conditions de l'équilibre.

Lorsque le mouvement change par degrés insensibles, nous avons trouvé (XXV) que les équations fondamentales deviennent $\int m\, V p\, dt \cos R - \int m\, V\, dV = o$, & $\int m\, u p\, dt \cos r - \int m\, u\, d (V \cos y) = o$; donc en décomposant p en trois autres forces paralleles aux trois axes, si ces forces composantes font désignées par p', p'', p''', les équations précédentes deviendront, la premiere, $\int m\, V' p'\, dt + \int m\, V'' p''\, dt + \int m\, V''' p'''\, dt = \int m\, V'\, dV' + \int m\, V''\, dV'' + \int m\, V'''\, dV'''$, & la seconde, $\int m\, u' p'\, dt + \int m\, u''\, p''\, dt + \int m\, u'''\, p'''\, dt = \int m\, u'\, dV' + \int m\, u''\, dV'' + \int m\, u''\, dV'''$; enfin, dans le cas d'équilibre, la premiere s'évanouira, & la seconde se réduira à $\int m\, u' p' + \int m\, u''\, p'' + \int m\, u''' p''' = o$.

Remarque II.

XXVIII. Jufqu'ici j'ai regardé les fils, verges, leviers, &c. comme des corps faifant eux-mêmes partie du fyftême. Et cette hypothefe eft entié-rement conforme à la nature ; mais une chofe qu'il eft indifpenfablement néceffaire d'obferver, c'eft qu'à parler ftrictement, il n'y a probable-ment dans l'univers aucun point abfolument fixe, aucun obftacle abfolument immobile ; l'hypomo-chlion d'un levier ne paroît tel, que parçe qu'il eft appuyé fur la terre qui n'eft point fixe elle-même, mais dont la maffe eft prefque infiniment grande en comparaifon de celles dont on confi-dere ordinairement dans les Machines l'action & la réaction les unes fur les autres : pour déplacer l'hypomochlion d'un levier, il faut donc auffi met-tre en mouvement le globe de la terre ; & il y eft en effet, quelque foibles que foient les puif-fances qui agiffent fur la Machine ; la quantité de mouvement qu'elles lui procurent, eft égale à la réfiftence de l'hypomochlion ; mais cette quantité finie de mouvement, fe diftribuant dans une maffe prefque infiniment grande, il en ré-fulte à cette maffe une vîteffe prefque infiniment petite, & voilà pourquoi ce mouvement n'eft pas fenfible, & peut fe négliger dans la pratique.

Il fuit de-là que ce qu'on appelle obftacles immobiles en méchanique, ne font autre chofe que des corps dont la maffe eft fi confidérable, & par conféquent la vîteffe fi petite, que leur mouvement ne peut être obfervé : ce fera donc fe rapprocher de la nature, que de confidérer les obftacles ou points fixes, comme des corps mobiles auffi bien que tous les autres, mais d'une masse infiniment grande, ou ce qui revient au même, comme des corps d'une densité infinie, & qui ne différent qu'en ce point de tous les autres corps du système. Il résultera de-là un avantage considérable, c'est qu'on pourra faire prendre au système où entreront ces corps, des mouvements quelconques géométriques ; car dès qu'on supposera ces obstacles mobiles comme tous les autres corps, ils deviendront susceptibles de prendre des mouvements quelconques ; & le système général devra être regardé comme un assemblage de corps parfaitement mobiles : en conséquence, les quantités de mouvement, absorbées par les obstacles, pourront s'évaluer comme pour toutes les autres parties du système ; de sorte que si l'on appelle R la résistance d'un point fixe donné, cette quantité R sera dans l'équation (F) pour le point en question, ce qu'est $m U$ pour le corps m : on trouvera donc par cette équation cette même quantité R comme toutes les autres forces $m U$, ce qui n'auroit pu se faire en considérant les obstacles comme absolument immobiles, sans avoir recours à quelque nouveau principe méchanique, qu'il auroit fallu faire concourir avec l'équation générale (F) pour parvenir à la solution complete de chaque problême particulier : ainsi cette maniere de considérer les points fixes, est non-seulement la plus conforme à la nature, comme nous l'avons dit ci-dessus, mais encore la plus simple & la plus facile.

Quant aux fils, verges ou autres portions quelconques du système dont les masses pourront être supposées infiniment petites, on pourra les négliger, c'est-à-dire, supposer chacune de leurs molécules m égale à zéro, ou ce qui revient au même , regarder leur denfité comme infiniment petite ou nulle ; notre équation (F) deviendra donc ainfi indépendante de ces quantités , c'eft-à-dire la même que fi l'on eût fait abftraction de la maffe de ces corps ; & c'eft ainfi qu'on trouvera aifément la théorie mathématique de chaque Machine , c'eft-à-dire en faifant les abftractions dont on a parlé (VIII).

XXIX. De cette remarque , il réfulte que quoiqu'il n'y ait qu'une feule efpece de corps dans la nature , on les diftingue cependant, pour la facilité des calculs , en trois claffes différentes , qui font , 1°. ceux qu'on confidere tels qu'ils font en effet & que la nature nous les offre , c'eft-à-dire qui font d'une denfité finie ; 2°. ceux auxquels on attribue une denfité infiniment grande , & qui par cette raifon , doivent être regardés comme fenfiblement fixes & immobiles ; 3°. ceux auxquels on attribue une denfité infiniment petite ou nulle , & qui par conféquent n'oppofent par leur inertie aucune réfiftance à leur changement d'état : on regarde ordinairement comme tels dans la pratique , les fils , verges , leviers & généralement tous les corps qui n'influent pas fenfiblement par leur propre maffe , aux changements qui arrivent dans le fyftême , mais qui font feulement regardés comme des moyens de communication entre les différents agents qui le compofent.

Remarque III.

XXX. Après avoir traité de l'équilibre & du mouvement en général , autant que mon objet principal pouvoit le permettre , je vais paffer à ce qui regarde plus particuliérement ce qu'on

entend communément par Machines ; car quoique
la théorie de toute efpece d'équilibre & de mouvement rentre toujours dans les principes pré-
cédents, puifqu'il n'y a , fuivant la premiere loi ,
que des corps qui puiffent détruire ou modifier
le mouvement des autres corps ; cependant il
y a des cas où l'on fait abftraction de la maffe
de ces corps, pour ne confidérer que l'effort
qu'ils font : par exemple , lorfqu'un homme tire
un corps par un fil, ou le pouffe par une verge ,
on n'introduit point dans le calcul la maffe de
cet homme, ni même l'effort dont il eft capable,
mais feulement celui qu'il exerce en effet fur le
point auquel il eft appliqué ; c'eft-à-dire la tenfion du fil, fi c'eft en tirant qu'il agit , ou la
preffion, fi c'eft en pouffant ; & fans confidérer
fi c'eft un homme ou un animal, un poids, un
reffort, une réfiftance occafionnéé par un obftacle ou par la force d'inertie d'un mobile (1),
un frottement, une impulfion caufée par le vent
ou par un courant, &c. On donne en général
le nom de puiffance à l'effort exercé par l'agent,
c'eft-à-dire à cette preffion ou tenfion par la-

_____

(1) Un corps qu'on force à changer fon état de repos
ou de mouvement, réfifte (XI) à l'agent qui prodnit le
changement ; & c'eft cette réfiftance qu'on appelle force
d'inertie : pour évaluer cette force, il faut donc décom-
pofer le mouvement actuel du corps en deux, dont l'uu
foit celui qu'il aura l'inftant d'après ; car l'autre fera
évidemment celui qu'il faudra détruire, pour forcer le
cops à fon changement d'état ; c'eft-à-dire la réfiftance
qu'il oppofe à ce changement ou fa force d'inertie, d'où
il eft aifé de conclure, que *la force d'inertie d'un corps,*
eft la réfultante de fon mouvement actuel , & d'un mouvement
égal & directement oppofé à celui qu'il doit avoir l'inftant
fuivant.

quelle il agit fur le corps auquel il eſt appliqué ;
& l'on compare ces différents efforts fans égard
aux agents qui les produiſent, parce que la nature des agents ne peut rien changer aux forces
qu'ils font obligés d'exercer pour remplir les
différents objets auxquels font deſtinées les Machines : la Machine elle-même, c'eſt-à-dire le
ſyſtême des points fixes, obſtacles, verges,
leviers & autres corps intermédiaires qui ſervent
à tranſmettre ces différents efforts d'un agent à
l'autre ; la Machine, dis-je, elle-même eſt conſidérée comme un corps dépouillé d'inertie ; ſa
propre maſſe, lorſqu'il eſt néceſſaire d'y avoir
égard, ſoit à cauſe du mouvement qu'elle ab-
ſorbe, ſoit à cauſe de ſa peſanteur ou des autres
forces motrices dont elle peut être animée, eſt
regardée comme une puiſſance étrangere appliquée au ſyſtême ; en un mot, une Machine proprement dite, eſt un aſſemblage d'obſtacles im-
matériels, & de mobiles incapables de réaction,
ou privés d'inertie, c'eſt-à-dire (XXIX) un ſyſtême
de corps dont les denſités font infinies ou nulles :
à ce ſyſtême, on imagine que différents agents
extérieurs, au nombre deſquels on comprend la
maſſe même de la Machine, font appliqués, &
ſe tranſmettent leur action réciproque par l'entremiſe de cette Machine : c'eſt la preſſion ou
autre effort exercé par chaque agent ſur ce corps
intermédiaire, qu'on appelle force ou puiſſance,
& c'eſt la relation qui exiſte entre ces différentes
forces, dont la recherche eſt l'objet de la théorie
des Machines proprement dites. Or, c'eſt ſous
ce point de vue, que nous allons maintenant
traiter de l'équilibre & du mouvement ; mais
une force priſe dans ce ſens, n'en eſt pas moins
une quantité de mouvement perdue par l'agent

qui l'exerce, quel que puiffe être d'ailleurs cet
agent ; qu'il agiffe fur la Machine en la tirant par
un cordon, ou en la pouffant par une verge,
la tenfion de ce cordon, ou la preffion de cette
verge, exprime également & l'effort qu'il exerce
fur la Machine, & la quantité de mouvement
qu'il perd lui-même par la réaction qu'il éprouve :
fi donc on appelle F cette force, cette quantité
F fera la même chofe que celle qui eft exprimée
par $m\,U$ dans nos équations (1) ; donc fi l'on
appelle auffi Z, l'angle compris entre cette force
F & la vîteffe u, qu'auroit le point où on la
fuppofe appliquée, fi l'on faifoit prendre au fyftême un mouvement quelconque géométrique,
l'équation générale (F) deviendra $\int Fu\,\mathrm{cof}\,Z = o$ (AA). C'eft donc fous cette forme que nous
emploierons déformais cette équation, au moyen
de quoi on pourra appliquer ce que nous dirons,
à quelle efpece de force on voudra imaginer ;
& les principes expofés dans cette premiere
partie, nous ferviront à développer les pro-

----

(1) Il eft évident que la quantité de mouvement
perdue $m\,U$, eft la réfultante du mouvement qu'auroit
eu l'inftant d'après le corps m, s'il eût été libre, & du
mouvement égal & directement oppofé à celui qu'il
prendra réellement ; or, le premier de ces deux mouvements, eft lui-même la réfultante du mouvement actuel
de m, & de fa force motrice abfolue ; donc $m\,U$ eft la
réfultante de trois forces qui font : fa force motrice abfolue, fa quantité actuelle de mouvement, & la quantité
de mouvement égale & directement oppofée à celle qu'il
doit avoir l'inftant d'après ; mais fuivant la note précédente, ces deux dernieres quantités de mouvement ont
pour réfultante la force d'inertie ; donc $m\,U$ ou F eft
la réfultante de la force motrice de m & de fa force d'i-
nertie ; c'eft-à-dire que *la force exercée par un corps quelconque, à chaque inftant eft la réfultante de fa force motrice
abfolue, & de fa force d'inertie.*

priétés générales des Machines proprement dites,
qui font l'objet de la feconde.

SECONDE PARTIE.

Des Machines proprement dites.

DÉFINITIONS.

XXXI. PARMI les forces appliquées à une
Machine en mouvement, les unes font telles,
que chacune d'entr'elles fait un angle aigu avec
la vîteffe du point où elle eft appliquée ; tandis
que les autres forment des angles obtus avec les
leurs : cela pofé, j'appellerai les premieres *forces
mouvantes* ou *follicitantes ;* & les autres, *forces
réfiftantes :* par exemple, fi un homme fait monter
un poids par le moyen d'un levier, d'une poulie,
d'une vis, *&c.* il eft clair que la pefanteur &
la vîteffe du poids forment néceffairement, par
leur concours, un angle obtus ; autrement il eft
vifible que le poids defcendroit au lieu de monter ;
mais la puiffance motrice & fa vîteffe forment
un angle aigu ; ainfi, fuivant notre définition,
le poids fera la *force réfiftante,* & la *force* de
l'homme fera *follicitante :* il eft vifible en effet,
que celle-ci tend à favorifer le mouvement actuel de la Machine, tandis que l'autre s'y oppofe.

On obfervera que les forces follicitantes peuvent être dirigées dans le fens même de leurs
vîteffes, puifqu'alors l'angle formé par leurs
concours eft nul, & par conféquent aigu ; &
que les forces réfiftantes peuvent agir dans le

fens directement oppofé à celui de leurs vîteffes ;
puifqu'alors l'angle formé par leurs concours,
eft de 180°, & par conféquent obtus.

Il eft à remarquer encore, que telle force qui
eft follicitante, pourroit devenir réfiftante, fi
le mouvement venoit à changer ; que telle force
qui eft réfiftante à un certain inftant, peut devenir follicitante à un autre inftant, & qu'enfin
pour en juger à chaque inftant, il faut confidérer
l'angle qu'elle fait avec la vîteffe du point où
on la fuppofe appliquée ; fi cet angle eft aigu,
la force fera follicitante ; & s'il eft obtus, elle
fera réfiftante, jufqu'à ce que l'angle en queftion
vienne à changer. On voit par-là, que fi on
fait prendre un mouvement géométrique à un
fyftême quelconque de puiffances, chacune d'elles
fera *follicitante* ou *réfiftante* à l'égard de ce mouvement géométrique, fuivant que l'angle formé
par cette force, & fa vîteffe géométrique fera
aigu ou obtus.

XXXII. Si une force *P* fe meut avec la
vîteffe *u*, & que l'angle formé par le concours
de *u* & *P* foit χ, la quantité $P \cos \chi\, u\, dt$ dans
laquelle *d t* exprime l'élément du temps, fera
nommée *moment d'activité*, confommé par la force
P pendant *d t* ; c'eft-à-dire que le *moment d'activité*, confommé par une force *P*, dans un temps
infiniment court, eft le produit de cette force
eftimée dans le fens de fa vîteffe, par le chemin
que décrit dans ce temps infiniment court, le
point où elle eft appliquée.

J'appellerai *moment d'activité*, confommé par
cette force, dans un temps donné, la fomme
des *moments d'activité*, confommés par elle à
chaque inftant, de forte que $\int P \cos \chi\, u\, dt$ eft
le *moment d'activité*, confommé dans un temps

E

indéterminé par elle ; par exemple, fi P eft un poids, le *moment d'activité*, confommé dans un temps indéterminé t, fera $P \int u \, dt$ cof χ; fuppofons donc qu'après le temps t, le poids P foit defcendu de la quantité H, on aura évidemment $d H = u \, dt$ cof χ; donc le *moment d'activité*, confommé pendant dt fera $P \int d H = P H$.

XXXIII. Lorfqu'il s'agira d'un fyftême de forces appliquées à une Machine en mouvement, j'appellerai *moment d'activité*, confommé par toutes les forces du fyftême, la fomme des *moments d'activité*, confommés en même temps par chacune des forces qui le compofent ; ainfi le *moment d'activité*, confommé par les forces follicitantes, fera la fomme des *moments d'activité*, confommés en même temps par chacune d'elles, & le moment d'activité, confommé par les forces réfiftantes, fera la fomme des *moments d'activité*, confommés par chacune de ces forces : & comme chaque force réfiftante fait un angle obtus avec la direction de fa vîteffe ; le cofinus de cet angle eft négatif ; le *moment d'activité*, confommé par les forces réfiftantes, eft donc auffi une quantité négative ; & partant, *le moment d'activité*, confommé par toutes les forces du fyftême, eft la même chofe que la différence entre le *moment d'activité*, confommé par les forces follicitantes, & le *moment d'activité*, confommé en même temps par les forces réfiftantes, confidéré comme une quantité pofitive.

Une force eftimée dans un fens directement oppofé à celui de fa vîteffe, & multipliée par le chemin que décrit dans un temps infiniment court, le point où elle eft appliquée, s'appellera *moment d'activité produit* par cette force dans

ce temps infiniment court : de forte que le *mo-*
ment d'activité , *confommé* , & le *moment d'activité* ,
produit , font deux quantités égales , mais de
fignes contraires ; & qu'il y a entr'elles une différence analogue à celle qu'on trouve (XXI) entre les *moments de quantité de mouvement* , *gagnées*
& perdues , par un corps , à l'égard d'un mouvement géométrique.

Je donnerai auffi le nom de *moment d'activité* ,
exercé par une force , à ce que j'ai appellé fon
moment d'activité , *confommé* , fi elle eft follicitante , & à ce que j'ai appellé fon *moment d'ac-*
tivité , *produit* , fi elle eft réfiftante ; ainfi le
moment d'activité , *exercé* par une force quelconque , dans un temps infiniment court , eft en
général le produit de cette force , par le chemin
qu'elle décrit dans ce temps infiniment court ,
& par le cofinus du plus petit des deux angles
formés par les directions de cette force & de fa
vîteffe ; d'où il fuit évidemment que ce *moment*
d'activité , *exercé* , eft toujours une quantité pofitive.

On fera , à l'égard des quantités que nous venons d'appeller *moments d'activité* , *produits* , &
moments d'activité , *exercés* , les mêmes remarques
femblables à celles que nous avons faites ci-
deffus , au fujet du *moment d'activité* , *confommé*
par une puiffance ou un fyftème de puiffances ,
dans un temps donné.

Ces définitions admifes , je paffe au principe
général de l'équilibre & du mouvement dans les
Machines proprement dites , & dont la recherche
a été le principal objet de cet Effai.

THÉORÊME FONDAMENTAL.

Principe général de l'équilibre & du mouvement dans les Machines.

XXXIV. *Quel que soit l'état de repos ou de mouvement où se trouve un système quelconque de forces appliquées à une Machine, si on lui fait prendre tout-à-coup un mouvement quelconque géométrique, sans rien changer à ces forces, la somme des produits de chacune d'elles, par la vîtesse qu'aura dans le premier instant le point où elle est appliquée, estimée dans le sens de cette force, sera égale à zéro.*

C'est-à-dire donc qu'en nommant F chacune de ces forces (1), u la vîtesse qu'aura au pre-

---

(1) Il ne fera peut-être pas inutile de prévenir une objection qui pourroit se présenter à l'esprit de ceux qui n'auroient pas fait attention à ce qui a été dit (XXX) sur le vrai sens qu'on doit attacher au mot *force* : imaginons, par exemple, dira-t-on, un treuil à la roue & au cylindre duquel soient suspendus des poids par des cordes; s'il y a équilibre, ou que le mouvement soit uniforme, le poids attaché à la roue, sera à celui du cylindre, comme le rayon du cylindre est au rayon de la roue; ce qui est conforme à la proposition. Mais il n'en est pas de même lorsque la Machine prend un mouvement accéléré ou retardé; il paroît donc qu'alors les forces ne font pas en raison réciproque de leurs vîtesses estimées dans le sens de ces forces, comme il suivroit de la proposition. La réponse à cela, est que dans le cas où ce mouvement n'est pas uniforme, les poids en question ne font pas les seules forces exercées dans le système, car le mouvement de chaque corps, changeant continuellement, il oppose aussi à chaque instant, par son inertie, une résistance à ce changement d'état; il faut

mier inftant le point où elle eft appliquée, fi l'on fait prendre à la Machine un mouvement géométrique, & z l'angle compris entre les directions de F & de u, il faut prouver qu'on aura pour tout le fyftême $\int F u$ cof $z = 0$. Or, cette équation eft précifément l'équation (AA) trouvée (XXX) laquelle n'eft autre chofe au fond que l'équation même fondamentale (F), préfentée fous une autre forme.

Il eft aifé d'appercevoir que ce principe général n'eft, à proprement parler, que celui de *Defcartes*, auquel on donne une extenfion fuffifante, pour qu'il renferme non-feulement toutes les conditions de l'équilibre entre deux forces, mais encore toutes celles de l'équilibre & du mouvement, dans un fyftême compofé d'un nombre

---

donc auffi tenir compte de cette réfiftance. Nous avons déjà dit (XXX. *V.* la note), comment cette force doit s'évaluer, & nous verrons plus bas (XLI), comment on doit la faire entrer dans le calcul. En attendant, il fuffit de remarquer que les forces appliquées à la Machine dont il eft ici queftion, ne font pas les poids même, mais les quantités de mouvement perdues par ces poids (XXX), lefquelles doivent s'eftimer par les tenfions des cordons auxquels ils font fufpendus : or, que la Machine foit en repos ou en mouvement, que ce mouvement foit uniforme ou non, la tenfion du cordon attaché à la roue, eft à celle du cordon attaché au cylindre, comme le rayon du cylindre eft au rayon de la roue, c'eft-à-dire que ces tenfions font toujours en raifon réciproque des vîteffes des poids qu'ils foutiennent ; ce qui eft d'accord avec la propofition. Mais ces tenfions ne font pas égales aux poids ; elles font (XXX. *V.* la note) les réfultantes de ces poids & de leurs forces d'inertie, lefquelles font elles-même (XXX. *V.* la note) les réfultantes des mouvements actuels de ces corps, & des mouvements égaux & directement oppofés à ceux qu'ils prendront réellement l'inftant d'après.

quelconque de puiſſances : auſſi la premiere conſéquence de ce théorême, ſera ce principe de
Deſcartes, rendu complet par les conditions que
nous avons vu lui manquer (V).

Corollaire I.

Principe général de l'équilibre entre deux puiſſances.

XXXV. *Lorſque deux agents quelconques,
appliqués à une Machine, ſe font mutuellement équilibre ; ſi on fait prendre à cette Machine un mouvement géométrique, arbitraire ; 1º. les forces exercées
par les agents, ſeront en raiſon réciproque de leurs
vîteſſes eſtimées dans le ſens de ces forces ; 2º. l'une
de ces puiſſances fera un angle aigu avec la direction de ſa vîteſſe, & l'autre, un angle obtus
avec la ſienne.*

Car ſi les forces exercées par les agents, ſont
nommées F & F', leurs vîteſſes u & u', les
angles formés par ces puiſſances & leurs vîteſſes
ζ & ζ', on aura par le théorême précédent, $F u$
$\operatorname{coſ} \zeta + F' u' \operatorname{coſ} \zeta' = o$; donc $F : F' :: -$
$u' \operatorname{coſ} \zeta' : u \operatorname{coſ} \zeta$, qui eſt la proportion énoncée
par la premiere partie de ce corollaire, & par
laquelle on voit en même temps que le rapport
de coſ ζ à coſ ζ', eſt négatif ; d'où il ſuit que
l'un de ces angles eſt néceſſairement aigu, &
l'autre obtus.

Corollaire II.

Principe général d'équilibre dans les Machines à poids.

XXXVI. *Lorsque plusieurs poids appliqués à une Machine quelconque, se font mutuellement équilibre, si l'on fait prendre à cette Machine un mouvement quelconque géométrique, la vîtesse du centre de gravité du système, estimée dans le sens vertical, sera nulle au premier instant.*

Car si l'on appelle M la masse totale du système, m celle de chacun des corps qui le composent, u la vîtesse absolue de m, V la vîtesse du centre de gravité estimée dans le sens vertical, g la gravité, z l'angle formé par u & par la direction de la pesanteur, on aura, suivant le théorême, $\int m g u \cos z = 0$, mais par les propriétés géométriques du centre de gravité, on a $\int m u\, dt \cos z = M V\, dt$, ou $\int m g u \cos z = M V g$; donc, puisque le premier membre de cette équation est égal à zéro, le second l'est aussi; donc $V = 0$ ce qu'il falloit prouver.

Pour avoir toutes les conditions de l'équilibre dans une Machine à poids, il n'y a donc qu'à faire prendre successivement à la Machine différents mouvements géométriques, & égaler dans chacun de ces cas, la vîtesse verticale du centre de gravité à zéro.

Corollaire III.

Principe général de l'équilibre entre deux poids.

XXXVII. *Lorsque deux poids se font mutuel-*
lement équilibre, si l'on fait prendre à la Machine
un mouvement quelconque géométrique.

1°. *Les vîtesses de ces corps, estimées dans le*
sens vertical, seront en raison réciproque de leurs
poids.

2°. *L'un de ces corps montera nécessairement,*
tandis que l'autre descendra.

Cette proposition est une suite manifeste du
corollaire précédent, & se déduit plus évidemment encore du corollaire premier.

On peut remarquer en passant, combien il est
essentiel pour l'exactitude de toutes ces propositions, que les mouvements imprimés à la Machine soient géométriques, & non-pas simplement
ment possibles ; car la plus légere attention fera
voir par quelque exemple particulier, que sans
cette condition, toutes ces propositions seroient
absurdes.

Remarque.

XXXVIII. On prend ordinairement pour
principe de l'équilibre dans les Machines à poids,
qu'alors le centre de gravité du système est au
point le plus bas possible ; mais on sait que ce
principe n'est pas généralement vrai ; car outre
que ce point pourroit dans certains cas, être au
point le plus haut, il y en a une infinité d'autres
où il n'est ni au point le plus haut, ni au point

le plus bas : par exemple, fi tout le fyftême fe réduit à un corps pefant, & que ce mobile foit placé fur une courbe qui ait un point d'inflexion, dont la tangente foit horifontale ; il reftera vifiblement en équilibre, fi on le met fur ce point d'inflexion, qui n'eft cependant ni le poids le plus bas, ni le point le plus haut poffible.

On peut encore prendre pour principe de l'équilibre dans une Machine à poids, la propofition que nous avons déjà donnée (II), & que nous allons rapporter encore, pour en donner la démonftration rigoureufe.

Pour s'affurer que plufieurs poids appliqués à une Machine quelconque, doivent se faire mutuellement équilibre, il fuffit de prouver que fi l'on abandonne cette Machine à elle-même, le centre de gravité du fyftême ne defcendra pas.

Pour le prouver, nommons M la maffe totale du fyftême, m celle de chacun des poids qui le compofent, g la gravité ; & fuppofons que fi la Machine ne demeuroit pas en équilibre, comme je prétends qu'elle doit le faire, la vîteffe de m après le temps t, fût V, la hauteur dont feroit defcendu le centre de gravité au bout du même temps H, & celle dont feroit defcendu le corps m h ; on aura donc, (XXIV) $\int m g d h - \int m V d V = 0$; donc en intégrant $M g H = \frac{1}{2} \int m V^2$; or par hypothefe $H = 0$, donc $\int m V^2 = 0$; de plus V^2 eft néceffairement pofitive comme il eft évident ; donc l'équation $\int m V^2 = 0$ ne peut avoir lieu fans qu'on n'ait $V = 0$, c'eft-à-dire fans qu'il y ait équilibre ; *ce qu'il falloit prouver.*

Il fuit de-là, comme nous l'avons dit (III), qu'il y a néceffairement équilibre dans un fyftême de poids dont le centre de gravité eft au point le plus bas poſſible ; mais nous venons de voir (XXXVIII) que l'inverſe n'eſt pas toujours vraie, c'eſt-à-dire que toutes les fois qu'il y a équilibre dans un ſyſtême de poids, il ne s'enſuit pas toujours que le centre de gravité ſoit au point le plus bas poſſible.

Corollaire IV.

Loix particulieres d'équilibre dans les Machines.

XXXIX. *S'il y a équilibre entre pluſieurs puiſſances appliquées à une Machine, & qu'ayant décompoſé toutes les forces du ſyſtême, tant celles qui ſont appliquées à la Machine, que celles qui ſont exercées par les obſtacles mêmes ou points fixes qui en font partie; ſi on les décompoſe, dis-je, chacune en trois autres paralleles à trois axes quelconques perpendiculaires entre eux ;*

1°. La ſomme des forces compoſantes, qui ſont paralleles à un même axe, & conſpirantes vers un même côté, eſt égale à la ſomme de celles qui, étant paralleles à ce même axe, conſpirent vers le côté oppoſé :

2°. La ſomme des moments des forces compoſantes, qui tendent à faire tourner autour d'un même axe, & qui conſpirent dans un même ſens, eſt égale à la ſomme des moments de celles qui tendent à faire tourner autour du même axe, mais en ſens contraire.

Pour démontrer cette propoſition, commençons par imaginer qu'à la place de chacune des forces exercées par la réſiſtance des obſtacles, on ſubſtitue une force active, égale à cette réfiftance , & dirigée dans le même fens ; ce chan-gement n'altere point l'état d'équilibre , & fait de la Machine un fyftême de puiffances parfai-tement libre , c'eft-à-dire dégagé de tout obf-tacle : cela pofé , fi l'on fait prendre à ce fyftême un mouvement quelconque géométrique , on aura par le théorême fondamental $\int F\, u \cos z = 0$, en nommant F chacune des forces , u fa vîteffe, & z l'angle compris entre F & u ; donc,

1°. Si l'on fuppofe que u foit la même pour tous les points du fyftême & parallele à l'un des axes quelconque , le mouvement fera géo-métrique , & l'équation à caufe de u conftante, fe réduira à $\int F \cos z = 0$: c'eft-à-dire que la fomme des forces du fyftême , eftimées dans le fens de la *vîteffe u* , imprimée parallelement à cet axe , fera nulle ; ce qui revient évidemment à la premiere partie de la propofition.

2°. Si l'on fait tourner tout le fyftême autour de l'un, quelconque, des axes , fans rien changer à la pofition refpective des parties qui le com-pofent , ce mouvement fera encore géométrique; u fera proportionnelle à la diftance de chaque puiffance à l'axe ; & partant, pourra s'exprimer par $A\,R$, R exprimant cette diftance, & A une conftante; donc, l'équation fe réduira à $\int F\,R \cos z = 0$; ce qui, comme il eft aifé de le voir, revient à la feconde partie de la propofition.

Corollaire V.

Loi particuliere concernant les Machines dont le mouvement change par degrés infenfibles.

XLI. *Dans une Machine dont le mouvement*

change par degrés infenfibles, le moment d'activité, confommé *dans un temps donné par les forces fol-licitantes*, *eft égal* au moment d'activité, exercé *en même temps par les forces réfiftantes.*

C'eft-à-dire (XXXIII), que le *moment d'activité, confommé* par toutes les forces du. fyftême, pen-dant le temps donné, eft égal à zéro ; ce qui fera clair (XXXII), fi l'on prouve que *le moment d'activité, confommé* à chaque inftant par ces for-ces, eft nul : or, F exprimant chacune de ces forces, V fa vîteffe, Z l'angle compris entre F & V, & $d\,t$ l'élément du temps, *le moment d'ac-tivité, confommé* par toutes les forces du fyftême pendant $d\,t$, eft (XXXIII), $\int F V \cos Z\, d\,t$; il faut donc prouver qu'on a $\int F V \cos Z\, d\,t = 0$, ou $\int F V \cos Z = 0$; or, cela eft clair par le théo-rême fondamental : donc, &c.

La loi particuliere dont il s'agit ici, eft cer-tainement la plus importante de toute la théorie du mouvement des Machines proprement dites : en voici quelques applications particulieres, en attendant le détail où nous entrerons à fon fujet, dans le fcholie qui fuccédera au corollaire fui-vant, & qui terminera cet Effai.

XLII. Suppofons donc, par exemple, que les puiffances appliquées à la Machine, foient des poids ; nommons m la maffe de chacun de ces corps, M la maffe totale du fyftême, g la gra-vité, V la vîteffe actuelle du corps m, K fa vîteffe initiale, t le temps écoulé depuis le com-mencement du mouvement, H la hauteur dont eft defcendu le centre de gravité du fyftême pendant le temps t, & enfin, W la vîteffe due à la hauteur H.

Cela pofé, il faut confidérer qu'il y a deux fortes de forces appliquées à la Machine ; favoir :

celles qui viennent de la pefanteur des corps, &
celles qui viennent de leur inertie ou réfiftance
qu'ils oppofent à leur changement d'état, (note c
(XXX)) : or , (XXXII) le moment d'activité,
confommé pendant le temps t, par la premiere de
ces forces, eft pour tout le fyftême $M g H$,
ou $\frac{1}{2} M W^2$; voyons maintenant quel eft le
moment d'activité, confommé par la force d'i-
nertie : la vîteffe de m étant V, & devenant
l'inftant d'après $V + d V$, il eft clair (note b
(XXX)), que fa force d'inertie eftimée dans le
fens de V, eft $m d V$, ou plutôt $m \frac{d V}{d t}$; donc,
(XXX), le moment d'activité, exercé par cette
force pendant $d t$, eft $m \frac{d V}{d t} V d t$, ou $m V d V$;
donc, le moment d'activité, confommé par cette
force d'inertie, pendant le temps t, eft $\int m V d V$,
ou en intégrant & complétant l'intégrale $\frac{1}{2} m V^2$
$— \frac{1}{2} m K^2$; donc le moment d'activité, confommé en même temps par la force d'inertie, de
tous les corps du fyftême, fera $\frac{1}{2} \int m V^2 — \frac{1}{2} \int$
$m K^2$; or, cette inertie eft une force réfiftante,
puifque c'eft par elle que les corps réfiftent à leur
changement d'état : & la pefanteur eft ici une
force follicitante, puifque le centre de gravité
eft fuppofé defcendre ; donc, par la propofition
de ce corollaire, on doit avoir $M W^2 = \int m$
$V^2 — \int m K^2$, ou $\int m V^2 = \int m K^2 + M$
W^2 : c'eft-à-dire que

Dans une Machine à poids, dont le mouvement
change par degrés infenfibles, la fomme des forces
vives du fyftême, eft après un temps quelconque
donné, égale à la fomme des forces vives initiales ;
plus, la fomme de force vive qui auroit lieu , fi tous

les corps du syfléme étoient animés d'une vîteffe commune, égale à celle qui eft due à la hauteur dont eft defcendu le centre de gravité du fyftéme.

XLIII. Si le mouvement de la Machine eft uniforme, on aura continuellement $V = K$, & partant $W^2 = 0$, ou $H = 0$; ce qui nous apprend que

Dans une Machine à poids, dont le mouvement eft uniforme, le centre de gravité du fyftéme refte conftamment à la même hauteur.

XLIV. Puifque $\frac{1}{2} M W^2$ ou $M g H$ eft (XXXII) le moment d'activité, produit par un poids $M g$, qu'on fait monter à la hauteur H, il s'enfuit évidemment que

De quelque maniere qu'on s'y prenne pour élever un certain poids à une hauteur donnée, il faut que les forces qui font employées à produire cet effet, confomment un moment d'activité, égal au produit de ce poids, par la hauteur à laquelle on doit l'élever.

XLV. De même, puifque (XLII) le moment d'activité, produit dans un temps donné par la force d'inertie d'un corps, eft égal à la moitié de la quantité dont fa force vive augmente pendant ce temps; on peut conclure auffi que

Pour faire naître un certain mouvement quelconque par degrés infenfibles dans un fyftéme de corps, ou changer celui qu'il a, il faut que les puiffances deftinées à cet effet, confomment un moment d'activité, égal à la moitié de la quantité dont aura augmenté par ce changement la fomme des forces vives du fyftéme.

XLVI. Il fuit évidemment de ces deux dernieres propofitions, que pour élever un poids $M g$ à une hauteur H, & lui faire prendre en même temps une vîteffe V, il faut, en fuppofant ce corps en repos au premier inſtant, que les forces employées à produire cet effet, conſomment elles-mêmes un moment d'activité égal à $M g H + \frac{1}{2} M V^2$.

LXVII. On ſuppoſe dans tout ce qui vient d'être dit, comme l'annonce le titre de ce co-rollaire, que le mouvement change par degrés inſenſibles ; mais, ſi chemin faiſant, il arrivoit un choc ou changement ſubit dans le ſyſtême, ce que nous venons de dire n'auroit plus lieu. Suppoſons, par exemple, qu'au moment où arrive le choc, le centre de gravité du ſyſtême ſoit deſcendu de la hauteur h ; qu'à ce même inſtant, la ſomme des forces vives ſoit X immédiatement avant le choc, & Y immédiatement après ; nom-mons Q le moment d'activité qu'auront à con-ſommer les forces mouvantes pendant tout le temps du mouvement, & q celui qu'elles auront à conſommer depuis le commencement juſqu'à l'époque de la percuſſion ; ſuppoſons enfin, pour plus de ſimplicité, que le ſyſtême ſoit en repos au premier inſtant & au dernier, il eſt clair (XLVI) qu'on aura $q = M g h + \frac{1}{2} X$, & que par la même raiſon, le moment d'activité à conſommer par les forces mouvantes après le choc, c'eſt-à-dire $Q - q$ ſera $M g (H - h) - \frac{1}{2} Y$, donc $Q = M g H + \frac{1}{2} X - \frac{1}{2} Y$; or, (XXIII) il eſt clair que $X > Y$, donc, le moment d'activité à conſommer pour élever dans ce cas M à la hauteur H, eſt néceſſairement plus grand que s'il n'y avoit point de choc, puiſque dans ce cas, on auroit ſimplement $Q = M g H$ (XLIV).

Il ſuit de là, que ſans conſommer un plus grand moment d'activité, les forces mouvantes peuvent, en évitant qu'il y ait choc, élever le même poids à une hauteur plus grande H, car alors on aura (XLVI) $Q = M g H'$, ou $H' = \dfrac{Q}{M g}$, tandis que dans le cas préfent, on a $H = \dfrac{Q - \frac{1}{2}(X - Y):}{M g}$ d'où l'on voit que X étant plus grande que Y, il faut néceffairement qu'on ait auffi $H' > H$.

Corollaire VI.

Des Machines hydrauliques.

XLXVIII. On peut regarder un fluide comme l'affemblage d'une infinité de corpufcules folides, détachés les uns des autres ; on peut donc apliquer aux Machines hydrauliques tout ce que nous avons dit des autres Machines : ainfi, par exemple, du corollaire premier (XXXV), on peut conclure que fi une maffe fluide, fans pefanteur, étant enfermée de tout côté dans un vafe, & qu'ayant fait à ce vafe deux petites ouvertures égales, on y applique des piftons ; les forces qui agiront fur la maffe fluide, en pouffant ces piftons, ne peuvent qu'être égales, fi elles fe font mutuellement équilibre ; c'eft-à-dire donc que dans une maffe fluide, la preffion fe répand également en tout fens ; c'eft le principe fondamental de l'équilibre des fluides, qu'on regarde ordinairement comme une vérité purement expérimentale : on prouvera de même (XXV) que la confervation des forces vives a lieu dans les fluides incompreffibles, dont le mouvement change par degrés infenfibles ; & généralement enfin tout ce que nous avons prouvé d'un fyftême de corps durs, eft également vrai pour une maffe de fluide incompreffible. *Scholie.*

Scholie.

XLIX. Ce fcholie eft deftiné au développement du principe énoncé dans le corollaire V ; cette propofition renferme en effet la principale partie de la théorie des Machines en mouvement, parce que la plupart d'entr'elles font mues par des agents qui ne peuvent exercer que des forces mortes ou de preffion ; tels font tous les animaux, les refforts, les poids, *&c.* ce qui fait que la Machine change ordinairement d'état par degrés infenfibles. Il arrive même le plus fouvent que cette Machine paffe bien vîte à l'uniformité de mouvement ; en voici la raifon :

Les agents qui font mouvoir cette Machine, fe trouvant d'abord un peu au deffus des forces réfiftantes, font naître un petit mouvement qui s'accélere enfuite peu-à-peu ; mais foit que par une fuite néceffaire de cette accélération, la force follicitante diminue, foit que la réfiftance augmente, foit enfin qu'il furvienne quelque variation dans les directions, il arrive prefque toujours que le rapport des deux forces s'approche de plus en plus de celui en vertu duquel elles pourroient fe faire mutuellement équilibre : alors ces deux forces fe détruifent, & la Machine ne fe meut plus qu'en vertu du mouvement acquis, lequel, à caufe de l'inertie de la matiere, refte ordinairement uniforme.

L. Pour comprendre encore mieux comment cela doit arriver, il n'y a qu'à faire attention au mouvement que prend un navire qui a le vent en poupe ; c'eft une efpece de Machine animée par deux forces contraires qui font l'impulfion du vent & la réfiftance du fluide fur lequel il

F

vogue: si la premiere de ces deux forces qu'on peut regarder comme sollicitante, est la plus grande, le mouvement du navire s'accélérera ; mais cette accélération a nécessairement des bornes, par deux raisons ; car, plus le mouvement du navire s'accélère, 1°. plus il est soustrait à l'impulsion du vent ; 2°. plus au contraire la résistance de l'eau augmente : par conséquent, ces deux forces tendent à l'égalité : lorsqu'elles y seront parvenues, elles se détruiront mutuellement ; & partant, le navire sera mu comme un corps libre, c'est-à-dire que sa vîtesse sera constante. Si le vent venoit à baisser, la résistance de l'eau surpasseroit la force sollicitante ; le mouvement du navire se ralentiroit ; mais par une suite nécessaire de ce ralentissement, le vent agiroit plus efficacement sur les voiles ; & la résistance de l'eau diminueroit en même temps : ces deux forces tendroient donc encore à l'égalité, & la Machine arriveroit de même à l'uniformité de mouvement.

LI. La même chose arrive lorsque les forces mouvantes sont des hommes, des animaux ou autres agents de cette nature : dans les premiers instants, le moteur est un peu au dessus de la résistance ; de là naît un petit mouvement qui s'accélere peu-à-peu, par les coups répétés de la force mouvante ; mais l'agent lui même est obligé de prendre un mouvement accéléré, afin de rester attaché au corps auquel il imprime le mouvement. cette accélération qu'il se procure à lui-même, consomme une partie de son effort ; de sorte qu'il agit moins efficacement sur la Machine, & que le mouvement de celle-ci s'accélérant de moins en moins, finit par devenir bientôt uniforme. Par exemple, un homme qui pourroit faire un certain effort dans le cas d'équilibre, en feroit un beaucoup moindre, fi le corps auquel il eft appliqué lui céde, & qu'il foit obligé de le fuivre pour agir fur lui : ce n'eft pas que le travail abfolu de cet homme foit moindre, mais c'eft que fon effort eft partagé en deux, dont l'un eft employé à mettre la maffe même de l'homme en mouvement, & l'autre, tranfmis à la Machine. Or, c'eft de ce dernier feul que l'effet fe manifefte dans l'objet qu'on s'eft propofé.

Je continuerai cependant de confidérer les Machines fous un point de vue plus général : ainfi je placerai dans ce fcholie plufieurs réflexions applicables au mouvement varié ; je fuppoferai feulement que cette variation fe fait par degrés infenfibles, & je prouverai que cela doit être en effet, lorfqu'on veut les employer de la maniere la plus avantageufe poffible.

L I I. Défignons donc par Q le moment d'activité, confommé par les forces follicitantes dans un temps donné t, & par q le moment d'activité exercé en même temps par les forces réfiftantes : cela pofé, quel que foit le mouvement de la Machine, nous aurons toujours, par le corollaire V, $Q = q$; de forte, par exemple, que fi chacune F des forces follicitantes, eft conftante, fa vîteffe V uniforme, & l'angle Z formé par les directions de F & V, toujours nul, on aura au bout du temps $t \int F V t = q$; & fi toutes les forces follicitantes fe réduifent à une feule, on aura par conféquent $F V t = q$ (XXXII & XXXIII).

L I I I. On peut en général regarder le moment q d'activité, exercé par les forces réfiftantes, comme l'effet produit par les forces follicitantes ; par exemple, lorfqu'il s'agit d'élever un poids P à une hauteur donnée H, il eft tout fimple de regarder l'effet produit par la force mouvante, comme étant en raifon compofée du poids & de la hauteur à laquelle il a fallu l'élevei ; de forte que $P\,H$ eft ce qu'on entend alors naturellement par l'effet produit. Or, d'un autre côté, cette quantité $P\,H$ eft précifément ce que nous avons appellé moment d'activité, exercé par la force réfiftante P ; donc ce moment d'activité, ou q, eft ce qu'on entend naturellement, dans ce cas, par l'effet produit.

Or, dans les autres cas, il eft évident que q eft toujours une quantité analogue à celle dont il vient d'être queftion ; c'eft pourquoi j'appellerai fouvent dans la fuite cette quantité, q, *effet produit* : ainfi, par *effet produit*, j'entendrai le moment d'activité, exercé par les forces réfiftantes ; de forte qu'en vertu de l'équation $Q = q$, on peut établir pour regle générale, que *l'effet produit dans un temps donné par un fyftéme quelconque de forces mouvantes, eft égal au moment d'activité confommé en même temps par toutes ces forces.*

LIV. On voit par l'équation $F\,V\,t = q$, trouvée dans l'article précédent, qu'il eft inutile de connoître la figure d'une Machine, pour favoir quel effet peut produire une puiffance qui lui eft appliquée, lorfqu'on connoît celui qu'elle pourroit produire fans Machine : fuppofons, par exemple, qu'un homme foit capable d'exercer un effort continuel de 25 #, en fe mouvant continuellement lui-même avec une vîteffe de trois pieds par feconde ; cela pofé, lorfqu'on l'appliquera à une Machine, le moment d'activité $F\,V\,t$ qu'exercera cet homme, fera (XXXII) 25 # 3 pi. t, c'eft-à-dire qu'on aura $F\,V\,t = $ 25 # 3 p$_i$. t, t exprimant le nombre des fecondes ; donc, à caufe de $F\,V\,t = q$, on aura $q = $ 25 # 3 p$_i$. t, quelle que puiffe être la Machine ; donc, l'effet q est absolument indépendant de la figure de cette Machine, & ne peut jamais surpasser celui que la puissance est en état de produire naturellement & sans Machine.

Ainsi, par exemple, si cet homme avec son effort de 25 ᵗᵗ, & sa vîtesse de trois pieds par seconde, est en état avec une Machine donnée, ou sans Machine, d'élever dans un temps donné, un poids p à une hauteur H, on ne peut inventer aucune Machine par laquelle il soit possible, avec le même travail, (c'est-à-dire la même force & la même vîtesse que dans le premier cas), d'élever dans le temps donné, le même poids à une plus grande hauteur, ou un poids plus grand à la même hauteur, ou enfin le même poids à la même hauteur dans un temps plus court : ce qui est évident, puisqu'alors q étant (XXXII) égal à $P H$, on a par l'article précédent, $P H = 25$ ᵗᵗ 3 pⁱ. t.

L V. L'avantage que procurent les Machines, n'est donc pas de produire de grands effets avec de petits moyens, mais de donner à choisir entre différents moyens qu'on peut appeler égaux, celui qui convient le mieux à la circonstance présente. Pour forcer un poids P à monter à une hauteur proposée, un ressort à se fermer d'une quantité donnée, un corps à prendre par degrés insensibles un mouvement donné, ou enfin tel autre agent que ce soit, à produire un moment quelconque donné d'activité, il faut que les forces mouvantes qui y sont destinées, consomment elles-mêmes un moment d'activité, égal au premier ; aucune Machine ne peut en dispenser ; mais comme ce moment résulte de plusieurs termes ou facteurs, on peut les faire varier à volonté, en diminuant la

force aux dépens du temps , ou la vîteſſe aux dépens de la force ; ou bien , en employant deux
ou pluſieurs forces au lieu d'une ; ce qui donne
une infinité de reſſources pour produire le moment
d'activité néceſſaire ; mais quoi qu'on faſſe , il faut
toujours que ces moyens ſoient égaux , c'eſt-à-
dire que le moment d'activité conſommé par les
forces ſollicitantes , ſoit égal à l'effet ou moment
exercé en même temps par les forces réſiſtantes.

L V I. Ces réflexions paroiſſent ſuffiſantes pour
déſabuſer ceux qui croient qu'avec des Machines
chargées de leviers arrangés myſtérieuſement ; on
pourroit mettre un agent, ſi foible qu'il fût, en état
de produire les plus grands effets : l'erreur vient
de ce qu'on ſe perſuade qu'il eſt poſſible d'appliquer
aux Machines en mouvement , ce qui n'eſt vrai
que pour le cas d'équilibre ; de ce qu'une petite
puiſſance, par exemple , peut tenir en équilibre un
très-grand poids , beaucoup de perſonnes croient
qu'elle pourroit de même élever ce poids auſſi vîte
qu'on voudroit ; or , c'eſt une erreur très-grande,
parce que , pour y réuſſir , il faudroit que l'agent
ſe procurât à lui-même une vîteſſe au deſſus de ſes
facultés , ou qui du moins , lui feroit perdre une
partie d'autant plus grande de ſon effort ſur la Machine , qu'il feroit obligé de ſe mouvoir plus vîte.
Dans le premier cas , l'agent n'a d'autre objet à
remplir , que de faire un effort capable de contre-
balancer le poids ; dans le ſecond , il faut qu'outre
cet effort , il en faſſe encore un autre pour vaincre
l'inertie , & du corps auquel il imprime le mouvement, & de ſa propre maſſe ; l'effort total qui, dans
le premier cas , ſeroit employé tout entier à vaincre la peſanteur du corps, ſe partage donc ici en
deux , dont le premier continue de faire équilibre
au poids , & l'autre produit le mouvement. On

ne peut donc augmenter l'un de ces efforts, qu'aux dépens de l'autre ; & voilà pourquoi l'effet des Machines en mouvement, eſt toujours tellement limité, qu'il ne peut jamais ſurpaſſer le moment d'activité exercé par l'agent qui le produit.

C'eſt ſans doute faute de faire une attention ſuffiſante à ces différents effets d'une même Machine conſidérée tantôt en repos, & tantôt en mouvement, que des perſonnes auxquelles la ſaine théorie n'eſt point inconnue, s'abandonnent quelquefois aux idées les plus chimériques, tandis qu'on voit de ſimples ouvriers, faire valoir, par une eſpece d'inſtinct, les propriétés réelles des Machines, & juger très-bien de leurs effets. *Archimede* ne demandoit qu'un levier & un point fixe pour ſoulever le globe de la terre ; comment donc ſe peut-il faire, dit-on, qu'un homme auſſi fort qu'*Archimede*, ne puiſſe pas, quand même il ſeroit muni de la plus belle Machine du monde, élever un poids de cent livres, en une heure de temps, à une hauteur médiocre donnée ? C'eſt que l'effet d'une Machine en repos, & celui d'une Machine en mouvement, ſont deux choſes fort différentes, & en quelque choſe hétérogenes : dans le premier cas, il s'agit de détruire, d'empêcher le mouvement ; dans le ſecond, l'objet eſt de le faire naître & de l'entretenir ; or, il eſt clair que ce dernier cas exige une conſidération de plus que le premier ; ſavoir : la vîteſſe réelle de chaque point du ſyſtême ; mais on pourra ſentir mieux la raiſon de cette différence, par la remarque ſuivante.

Les points fixes & obſtacles quelconques, ſont des forces purement paſſives, qui peuvent abſorber un mouvement, ſi grand qu'il ſoit, mais qui ne peuvent jamais en faire naître un, ſi petit qu'on veuille l'imaginer, dans un corps en repos : or, c'est improprement que dans le cas d'équilibre, on dit d'une petite puissance, qu'elle en détruit une grande : ce n'est pas par la petite puissance, que la grande est détruite ; c'est par la résistance des points fixes : la petite puissance ne détruit réellement qu'une petite partie de la grande, & les obstacles font le reste. Si *Archimede* avoit eu ce qu'il demandoit, ce n'est pas lui qui auroit soutenu le globe de la terre, c'est son point fixe ; tout son art auroit consisté, non à redoubler d'effort pour luter contre la masse de ce globe, mais à mettre en opposition les deux grandes forces, l'une active, l'autre passive, qu'il auroit eues à sa disposition : si au contraire il eût été question de faire naître un mouvement effectif, alors *Archimede* auroit été obligé de le tirer tout entier de son propre fond ; aussi n'auroit-il pu être que très-petit, même après plusieurs années : n'attribuons donc point aux forces actives, ce qui n'est dû qu'à la résistance des obstacles, & l'effet ne paroîtra pas plus disproportionné à la cause, dans les Machines en repos, que dans les Machines en mouvement.

LVII. Quel est donc enfin le véritable objet des Machines en mouvement ? Nous l'avons déjà dit ; c'est de procurer la faculté de faire varier à volonté, les termes de la quantité Q, ou *momentum* d'activité, qui doit être exercé par les forces mouvantes. Si le temps est précieux, que l'effet doive être produit dans un temps très-court, & qu'on n'ait cependant qu'une force capable de peu de vîtesse, mais d'un grand effort, on pourra trouver une Machine pour suppléer la vîtesse nécessaire par la force : s'il faut au contraire élever un poids très-considérable, & qu'on n'ait qu'une foible puissance, mais capable d'une grande vî-

teſſe, on pourra imaginer une Machine avec laquelle l'agent ſera en état de compenſer par ſa
vîteſſe, la force qui lui manque : enfin, ſi la puiſſance n'eſt capable ni d'un grand effort, ni d'une
grande vîteſſe, on pourra encore, avec une Machine convenable, lui faire produire l'effet deſiré ;
mais alors on ne pourra ſe diſpenſer d'employer
beaucoup de temps ; & c'eſt en cela que conſiſte
ce principe ſi connu, que *dans les Machines en
mouvement , on perd toujours en temps ou en vîteſſe
ce qu'on gagne en force.*

Les Machines ſont donc très-utiles, non en
augmentant l'effet dont les puiſſances ſont naturellement capables, mais en modifiant cet effet :
on ne parviendra jamais par elles, il eſt vrai, à
diminuer la dépenſe ou *momentum* d'activité, néceſſaire pour produire un effet propoſé ; mais elles
pourront aider à faire de cette quantité une ré-
partition convenable au deſſein qu'on a en vue :
c'eſt par leur ſecours qu'on réuſſira à déterminer,
ſinon le mouvement abſolu de chaque partie du
ſyſtême, du moins à établir entre ces différents
mouvements particuliers, les rapports qui con-
viendront le mieux ; c'eſt par elles enfin qu'on
donnera aux forces mouvantes, les ſituations &
directions les plus commodes, les moins fatigantes,
les plus propres à employer leurs facultés de la
maniere la plus avantageuſe.

LVIII. Ceci nous conduit naturellement à
cette queſtion intéreſſante : quelle eſt la meilleure
maniere d'employer des puiſſances données, &
dont l'effet naturel eſt connu, en les appliquant
aux Machines en mouvement ? C'eſt-à-dire, quel
eſt le moyen de leur faire produire le plus grand
effet poſſible ?

La ſolution de ce problême dépend des cir-

conſtances particulieres ; mais on peut faire là-
deſſus des obſervations générales & applicables à
tous les cas : en voici quelques-unes des plus
eſſentielles.

L'effet produit étant la même choſe (LIII) que
le moment d'activité exercé par les forces réſiſtantes , la condition générale , eſt que *q* ſoit un
maximum ; or , *q* ne pouvant jamais ſurpaſſer *Q* ,
il faut , 1°. que la quantité *Q* ſoit elle-même la
plus grande poſſible ; 2°. que tout ce moment *Q*
ſoit employé uniquement à produire l'effet propoſé.

Pour faire que *Q* ſoit un *maximum* , il faut
conſidérer qu'elle dépend de quatre choſes , ſavoir ;
de la quantité de force exercée par l'agent qui
doit produire l'effet *q* , de ſa vîteſſe , de ſa direction , & du temps pendant lequel il agit. Or ,
1°. quant à ce qui regarde la direction de la
force , il eſt évident que cette puiſſance doit être ,
toutes choſes égales d'ailleurs , dirigée dans le
même ſens que ſa vîteſſe ; car le moment d'activité
qu'exerce pendant *d t* une puiſſance *F* dont la
vîteſſe eſt *V* , & l'angle compris entre *F* & *V* ,
Z , étant (XXXII) *F V d t* coſ *Z* , il eſt clair
que ce produit ne ſera jamais plus grand que
lorſque coſ *Z* ſera égal au ſinus total , c'eſt-à-dire
lorſque la force & ſa vîteſſe ſeront dirigées dans
le même ſens ; 2°. quant à ce qui regarde l'inten-
ſité de la force exercée , ſa vîteſſe , & le temps
pendant lequel elle eſt exercée ; on ne ne doit
point déterminer ces choſes d'une maniere abſolue , mais ſeulement mettre entr'elles les rapports que l'expérience aura fait connoître pour
les plus avantageux : par exemple , on a reconnu ,
je ſuppoſe , qu'un homme attaché pendant huit
heures par jour à une manivelle d'un pied de

rayon, peut faire continuellement un effort de
25 ℔, en faisant un tour en deux secondes, ce
qui fait à peu-près la vitesse de trois pieds par
seconde ; mais si l'on forçoit cet homme à aller
beaucoup plus vîte, croyant par là avancer la
besogne, on la retarderoit, parce qu'il ne seroit
plus en état de faire un effort de 25 ℔, ou ne
pourroit plus soutenir un travail de huit heures
par jour. Si au contraire, on diminuoit la vîtesse,
la force augmenteroit, mais dans un moindre
rapport ; & le moment d'activité diminueroit encore : ainsi, suivant l'expérience, pour que ce
moment soit un *maximum*, il faut proportionner
la Machine, de maniere à conserver à la puissance
la vîtesse de trois pieds par seconde, & ne le
faire travailler qu'environ huit heures par jour.
On sent bien que chaque espece d'agent a, eu
égard à sa nature ou constitution physique, un
maximum analogue à celui dont on vient de parler,
& que ce *maximum* ne peut en général se trouver
que par expérience.

LIX. Cette premiere condition étant remplie,
il ne restera donc plus, pour faire produire à une
Machine donnée, le plus grand effet possible,
qu'à faire ensorte que toute la quantité Q soit
employée à produire cet effet ; car si cela est ainsi,
on aura $q = Q$; & c'est tout ce qu'on peut pré-
tendre, puisque jamais Q ne peut être moindre
que q.

Or, pour remplir cette condition, je dis premiérement, qu'on doit éviter tout choc ou changement brusque quelconque ; car il est facile d'appliquer à tous les cas imaginables, le raisonne-
ment qui a été fait (XLVII) sur les Machines à
poids ; d'où il suit que toutes les fois qu'il y a
choc, il y a en même temps perte de moment

d'activité de la part des forces follicitantes ; perte
fi réelle , que l'effet en eft néceffairement diminué,
comme nous l'avons fait voir par les Machines
à poids , dans l'article qui vient d'être cité : c'eft
donc avec raifon que nous avons avancé (LI),
que pour faire produire aux Machines le plus grand
effet poffible , il faut néceffairement qu'elles ne
changent jamais de mouvement , que par degrés
infenfibles ; il en faut feulement excepter celles
qui , par leur nature même , font fujettes à éprou-
ver différentes percuffions , comme font la plupart
des moulins ; mais dans ce cas-là même , il eft
clair qu'on doit éviter tout changement fubit ,
qui ne feroit pas effentiel à la conftitution de la
Machine.

LX. On peut conclure de là , par exemple,
que le moyen de faire produire le plus grand
effet poffible à une Machine hydraulique , mue
par un courant d'eau , n'eft pas d'y adapter une
roue dont les aîles reçoivent le choc du fluide.
En effet , deux raifons empêchent qu'on ne pro-
duife ainfi le plus grand effet : la premiere eft
celle que nous venons de dire , favoir ; qu'il eft
effentiel d'éviter toute percuffion quelconque ; la
feconde eft , qu'après le choc du fluide , il a encore
une vîteffe qui lui refte en pure perte , puifqu'on
pourroit employer ce refte à produire encore un
nouvel effet qui s'ajouteroit au premier. Pour faire
la Machine hydraulique la plus parfaite , c'eft-à-
dire capable de produire le plus grand effet poffible , le vrai nœud de la difficulté confifteroit donc,
1°. à faire enforte que le fluide perdît abfolument
tout fon mouvement par fon action fur la Machine,
ou que du moins il ne lui en reftât précifément
que la quantité néceffaire pour s'échapper après
fon action ; 2°. à ce qu'il perdît tout ce mouve-

ment par degrés infenfibles, & fans qu'il y eût
aucune percuffion, ni de la part du fluide, ni de
la part des parties folides entr'elles : peu impor-
teroit d'ailleurs quelle fût la forme de la Machine,
car une Machine hydraulique qui remplira ces
deux conditions, produira toujours le plus grand
effet poffible ; mais ce problême eft très-difficile
à réfoudre en général, pour ne pas dire impoffible ; peut-être même que dans l'état phyfique
des chofes, & eu égard à la fimplicité, il n'y a
rien de mieux que les roues mues par le choc ; &
dans ce cas, comme il eft impoffible de remplir
à la fois les deux conditions defirables, que plus
on voudra faire perdre au fluide de fon mouvement pour approcher de la premiere condition,
plus le choc fera fort ; que plus au contraire on
voudra modérer le choc pour approcher de la
feconde, moins le fluide perdra de fon mouvement : on fent qu'il y a un milieu à prendre, au
moyen duquel on déterminera, finon d'une maniere
abfolue, au moins eu égard à la nature de la Machine, celle qui fera capable du plus grand effet.

LXI. Une autre condition générale qui n'eft
pas moins importante, lorfqu'on veut que les
Machines produifent le plus grand effet poffible,
c'eft de faire enforte que les forces follicitantes
ne faffent naître aucun mouvement inutile à l'objet qu'on fe propofe : fi mon but, par exemple,
eft d'élever à une hauteur donnée la plus grande
quantité d'eau poffible, foit avec une pompe ou
autrement, je dois faire enforte que l'eau, en
arrivant dans le réfervoir fupérieur, n'ait précifément qu'autant de vîteffe qu'il lui en faut pour
s'y rendre, car toute celle qu'elle auroit au delà,
confommeroit inutilement l'effort de la puiffance
motrice. Il eft clair en effet (XLV) que dans ce

cas cette puiſſance auroit à conſommer un moment d'activité inutile, & qui ſeroit égal à la
moitié de la force vive avec laquelle l'eau ſeroit
arrivée dans le réſervoir.

Il n'eſt pas moins évident que pour faire produire aux Machines le plus grand effet poſſible,
on doit éviter ou diminuer, du moins autant que
faire ſe peut, les forces paſſives, telles que le
frottement, la roideur des cordes, la réſiſtance
de l'air, leſquelles ſont toujours, dans quelque
ſens que ſe meuve la Machine, au nombre des
forces que j'ai nommées reſiſtantes (1).

Enfin, il eſt aiſé d'étendre ces remarques particulieres; & mon objet n'eſt pas d'entrer là-deſſus
dans un plus grand détail.

LXII. On peut conclure de ce que nous venons
de dire au ſujet du frottement & autres forces
paſſives, que le mouvement perpétuel eſt une
choſe abſolument impoſſible, en n'employant,
pour le produire, que des corps qui ne ſeroient
ſollicités par aucune force motrice, & même des
corps peſants; car ces forces paſſives auxquelles
on ne peut ſe ſouſtraire, étant toujours réſiſtan-

---

(1) On parle ſouvent des forces paſſives; mais qu'eſt-
ce qu'une force paſſive; qu'eſt-ce qui la différencie d'une
force active? Je crois qu'on n'a pas encore répondu à
cette queſtion, & même qu'on ne ſe l'eſt jamais faite.
Or, il me ſemble que le caractere diſtinctif des forces
paſſives, conſiſte en ce qu'elles ne peuvent jamais devenir ſollicitantes, quel que ſoit ou puiſſe être le mouvement de la Machine, au lieu que les forces actives peuvent agir, tantôt en qualité de forces ſollicitantes, & tantôt en qualité de forces réſiſtantes. Sur ce pied, les obſtacles & points fixes ſont évidemment des forces paſſives,
puiſqu'ils ne peuvent agir ni comme forces ſollicitantes,
ni comme forces réſiſtantes (XXXI).

tes, il eſt évident que le mouvement doit ſe ra-
lentir continuellement : & d'après ce que nous
avons dit (XLV), on voit que ſi les corps ne
ſont ſollicités par aucune force motrice, la ſomme
des forces vives ſera réduite à rien ; c'eſt-à-dire
que la Machine ſera réduite au repos, lorſque le
moment d'activité, produit par le frottement depuis le commencement du mouvement, ſera de-
venu égal à la demi-ſomme des forces vives initiales : & ſi les corps ſont peſants, le mouvement
finira, lorſque le moment produit par les frot-
tements, ſera égal à la demi-ſomme des forces
vives initiales, plus la moitié de la force vive
qui auroit lieu, ſi tous les points du ſyſtême
avoient une vîteſſe commune, égale à celle qui
eſt due à la hauteur du point où etoit le centre
de gravité dans le premier inſtant du mouvement,
au deſſus du point le plus bas où il puiſſe deſcendre ; ce qui eſt évident par l'article (XLII).

Il eſt aiſé d'appliquer les mêmes raiſonnements
au cas où il y a desreſſorts, & en général, à tous
ceux où, abſtraction faite du frottement, les forces
ſollicitantes ſont obligées, pour faire paſſer la
Machine d'une poſition à une autre, d'exercer
un moment d'activité auſſi grand que celui qui
eſt produit par les forces réſiſtantes, lorſque la
Machine revient de cette derniere poſition à la
premiere.

Le mouvement finiroit bien plus vîte encore,
s'il arrivoit quelque percuſſion, puiſque la ſomme
des forces vives, diminue toujours en pareil cas
(XXIII).

Il eſt donc évident qu'on doit déſeſpérer abſolument de produire ce qu'on appelle un mouvement perpétuel, s'il eſt vrai que toutes les
forces motrices qui exiſtent dans la nature, ne

foient autre chofe que des attractions , & que cette force ait pour propriété générale , comme il le paroît , d'être toujours la même à diftances egales , entre des corps donnés , c'eft-à-dire d'être une fonction qui ne varie que dans le cas où la diftance de ces corps varie elle-même.

LXIV. Une obfervation générale qui réfulte de tout ce qui vient d'être dit , c'eft que cette efpece de quantité , à laquelle j'ai donné le nom de *moment d'activité* , joue un très-grand rôle dans la théorie des Machines en mouvement : car c'eft en général cette quantité qu'il faut économifer le plus qu'il eft poffible , pour tirer d'un agent tout l'effet dont il eft capable.

S'agit-il d'élever un poids , de l'eau , par exemple , à une hauteur donnée ; vous en éleverez d'autant plus dans un temps donné , non que vous aurez confommé une plus grande quantité de force , mais que vous aurez exercé un plus grand moment d'activité (XLIV).

Qu'il foit queftion de faire tourner la meule d'un moulin , foit par le chcc de l'eau , foit par le vent , foit par la force des animaux , ce n'eft pas à faire que le choc de l'eau , de l'air , ou l'effort de l'animal foit le plus grand que vous devez vous attacher , mais à faire confommer à ces agents le plus grand moment d'activité poffible.

Veut-on faire un vuide quelconque dans l'air , de quelque maniere qu'on s'y prenne , il faudra , pour y parvenir , confommer un *moment d'activité* auffi grand que celui qui feroit néceffaire pour élever à trente-deux pieds de hauteur , un volume d'eau égal au vuide qu'on veut occafionner.

Eft-ce un vuide dans une maffe d'eau indéfinie comme la mer ; il faudra confommer pour cela

le

le même *moment d'activité* que si la mer étoit
un vuide, le vuide qu'on veut faire un volume
d'eau de mer, & qu'il fallût élever ce volume
à la hauteur du niveau de la mer.

Est-ce dans un vase de figure donnée, qu'il faut
produire un vuide ? On ne peut visiblement y
parvenir, sans faire monter le centre de gravité
de la masse totale du fluide d'une quantité déterminée par la figure du vase ; il faudra donc
consommer un *moment d'activité* égal à celui qui
seroit nécessaire pour élever toute l'eau du vase
d'une quantité égale à celle dont il faut que
monte le centre de gravité du fluide.

Dans une Machine en repos, où il n'y a d'autre
force à vaincre que l'inertie des corps, voulez-
vous y faire naître un mouvement quelconque,
par degrés insensibles, le *moment d'activité* que
vous aurez à consommer, sera égal à la demi-
somme des forces vives que vous y ferez naître ;
& s'il est seulement question de changer le mouvement qu'elle a déjà, le *moment d'activité* à produire, sera seulement la quantité dont cette demi-
somme augmentera par le changement (XLV).

Enfin, supposons qu'on ait un système quelconque de corps, que ces corps s'attirent les uns les
autres, en raison d'une fonction quelconque de
leurs distances ; supposons même, si l'on veut,
que cette loi ne soit pas la même pour toutes
les parties du système, c'est-à-dire que cette attraction suive quelle loi on voudra, (pourvu
qu'entre deux corps donnés, elle ne varie que
lorsque la distance de ces corps varie elle-même),
& qu'il soit question de faire passer le système
d'une position quelconque donnée à une autre :
cela posé, quelle que soit la route qu'on fera
prendre à chacun des corps, pour remplir cet

G

objet, qu'on mette tous ces corps en mouvement
à la fois, ou les uns après les autres, qu'on les
conduife d'une place à l'autre, par un mouvement
rectiligne ou curviligne, & varié d'une maniere
quelconque, (pourvu qu'il n'arrive aucun choc
ni changement brufque); qu'on emploie enfin
quelles Machines on voudra, même à reffort,
pourvu que dans ce cas, on remette à la fin les
refforts au même état de tenfion où on les a pris
au premier inftant; le *moment d'activité* qu'auront
à confommer, pour produire cet effet, les agents
extérieurs employés à mouvoir ce fyftême, fera
toujours le même, en fuppofant que le fyftême
foit en repos au premier inftant du mouvement,
& au dernier.

Et fi outre cela, il s'agit de faire naître dans
le fyftême un mouvement quelconque, ou qu'il
foit déjà en mouvement au premier inftant, &
qu'il s'agiffe de modifier ou changer ce mouvement, le *moment d'activité* qu'auront à confommer
les agents extérieurs, fera égal à celui qu'il faudroit confommer, s'il s'agiffoit feulement de changer la pofition du fyftême, fans lui imprimer de
mouvement, (c'eft-à-dire confidéré comme en repos au premier inftant & au dernier); plus, la
moitié de la quantité dont il faudra augmenter
la fomme des forces vives.

Il importe donc fort peu, quant à la dépenfe ou
momentum d'activité à confommer, que les forces
employées foient grandes ou petites, qu'elles emploient telles ou telles Machines, qu'elles agiffent
fimultanement ou non; ce moment d'activité eft
toujours égal au produit d'une certaine force,
par une vîteffe & par un temps, ou la fomme
de plufieurs produits de cette nature; & cette
fomme doit être toujours la même, de quelque

maniere qu'on s'y prenne : les agents ne gagneront donc jamais rien d'un côté, qu'ils ne le perdent de l'autre.

Pour conclusion ; qu'en général on ait un système quelconque de corps animés, de forces motrices quelconques, & que plusieurs agents extérieurs, comme des hommes ou des animaux, soient employés à mouvoir ce système en différentes manieres quelconques, soit par eux-mêmes, soit par des Machines : cela posé ;

Quel que soit le changement occasionné dans le système, le moment d'activité, consommé pendant un temps quelconque par les puissances extérieures, sera toujours égal à la moitié de la quantité dont la somme des forces vives aura augmenté pendant ce temps, dans le système des corps auxquels elles sont appliquées : moins la moitié de la quantité dont auroit augmenté cette même somme de forces vives, si chacun des corps s'étoit mu librement sur la courbe qu'il a décrite, en supposant qu'alors il eût éprouvé à chaque point de cette courbe, la même force motrice, que celle qu'il y éprouve réellement : pourvu, toujours, que le mouvement change par degrés insensibles, & que si l'on emploie des Machines à ressorts, on laisse ces ressorts dans le même état de tension où on les a pris.

LXV. Ces remarques sur le moment d'activité, me font naître l'idée d'un principe d'équilibre particulier au cas où les forces exercées dans le système, sont des attractions ; j'ai cru que le Lecteur ne seroit pas fâché de le trouver ici ; voici en quoi il consiste :

Plusieurs corps soumis aux loix d'une attraction exercée en raison d'une fonction quelconque des distances, soit par ces corps même les uns sur les autres, soit par différents points fixes, étant appliqués à une

Machine quelconque ; si l'on fait passer cette Machine d'une position quelconque donnée, à celle de l'équilibre, le moment d'activité consommé dans ce passage par les forces attractives dont ces corps seront animés pendant ce mouvement, sera un maximum.

C'est-à-dire que ce moment sera toujours plus grand qu'il ne l'auroit été, si, au lieu de faire passer ce système à la position d'équilibre, on l'eût contraint de prendre une route différente, & de passer dans une autre situation quelconque.

Par exemple, s'il s'agit de la gravité, qu'on peut regarder comme une attraction exercée vers un point infiniment éloigné, les forces attractives seront les poids appliqués à la Machine ; le moment d'activité qui sera exercé par ces forces, lorsqu'on fera changer de situation à cette Machine, sera donc égal au poids total du système multiplié par la hauteur dont aura monté ou descendu le centre de gravité pendant ce changement de position (XXXII) : or, la situation d'équilibre est celle où le centre de gravité est au point le plus haut ou le plus bas possible ; donc, la hauteur à laquelle doit monter le centre de gravité, ou dont il doit descendre pour passer d'une situation quelconque donnée à celle de l'équilibre, est plus grande que pour passer à toute autre situation : donc, le moment d'activité consommé dans le passage, par les forces motrices, est aussi plus grand dans le premier cas que dans tout autre.

Si l'attraction étoit toujours constante comme la gravité ordinaire, mais qu'elle fût dirigée vers un point fixe, placé à une distance finie, on concluroit aisément du principe précédent, que dans le cas d'équilibre, la somme des moments des corps du système, relativement à ce point fixe, eſt un *maximum*, c'eſt-à-dire que la ſomme des produits de chaque maſſe, par ſa diſtance au point fixe, eſt moindre lorſqu'il y a équilibre, que ſi le ſyſtême ſe trouvoit dans une autre ſituation quelconque.

Si l'attraction vers le point fixe, au lieu d'être conſtante, étoit proportionnelle aux diſtances de ce corps, à ce point fixe, on concluroit de même que la ſomme des produits de chaque maſſe par le quarré de la diſtance à ce point fixe, eſt un *maximum*.

On ſait que la ſomme des produits de chaque maſſe, par le quarré de ſa diſtance à un point fixe quelconque, eſt égale à la ſomme des produits de chaque maſſe, par le quarré de ſa diſtance au centre de gravité ; plus, au produit de la maſſe totale, par le quarré de la diſtance du centre de gravité à ce point fixe : (c'eſt une propoſition de géométrie fort connue, & dont il eſt facile de trouver la preuve) ; ainſi dans le cas d'attraction que nous examinons, la ſomme de ces deux quantités, doit, dans le cas d'équilibre, être un *maximum*, c'eſt-à-dire que ſa différentielle eſt égale à zéro. Suppoſons donc, par exemple, que toutes les parties du ſyſtême ſoient liées entr'elles, de maniere qu'elles ne faſſent qu'un même corps, & que ce corps ſoit ſuſpendu par ſon centre de gravité, tellement que ce point ſoit fixe ; il eſt clair que chacune des quantités dont on vient de parler, ſera conſtante, c'eſt-à-dire reſtera la même, quelque ſituation qu'on donne à ce corps, & que la différentielle de leur ſomme, ſera, par conféquent, nulle ; donc, il y aura équilibre : c'eſt-à-dire que ſi toutes les parties d'un corps, ſont attirées vers un point fixe, proportionelle- ment à leurs diſtances à ce point, & qu'on ſuſ-

pende ce corps par son centre de gravité, il restera en équilibre précisément comme dans le cas
de la pesanteur ordinaire. Il ne faut cependant
pas conclure de là, que dans une Machine à laquelle seroient appliqués plusieurs corps attirés
vers un point fixe, en raison des distances, la
position d'équilibre fût celle où le centre de gravité du système seroit au point le plus bas, c'est-
à-dire le plus proche possible du point fixe ; car
cela n'arrive que dans le cas où toutes les parties du système tiennent ensemble & ne font
qu'un seul corps ; au lieu que dans le cas de la
gravité naturelle, il n'est pas nécessaire, pour
que le centre de gravité soit au point le plus bas,
que les parties du système soient liées les unes
aux autres.

Si les corps étoient attirés vers le point fixe,
en raison inverse de leurs distances à ce point,
le principe allégué ci-dessus feroit voir que la
situation d'équilibre est alors celle où la somme
des produits de chaque masse, par le logarithme
de sa distance au point fixe, est un *maximum*.

En général, si les corps m du système sont attirés en raison d'une puissance n, de leurs distances x, à ce point, la situation d'équilibre sera
celle où la quantité $\int m\, x^{n+1}$ sera un *maximum*,
ou plus grande que dans toute autre situation ;
c'est-à-dire où la différence de cette quantité à
ce qu'elle seroit, si le système étoit dans une situation infiniment voisine, est égale à zéro.

S'il y a dans le système plusieurs points fixes,
vers chacun desquels les corps m soient attirés
en raison d'une puissance donnée de leurs distances à ce point, de sorte que x, y, z, &c. étant
les distances de m à ces différents points fixes,
$A\,x^n$, $B\,y^p$, $C\,z^q$, &c. soient les forces centrales

de m vers ces différents foyers , ce sera la quantité

$$\frac{A}{n+1} \int m\, x^{n+1} + \frac{B}{p+1} \int m\, y^{p+1} + \frac{C}{q+1} \int m\, z^{q+1} + \&c.$$

qui sera un *maximum* dans la position de l'équilibre.

Et si outre cela , les corps s'attirent les uns les autres , en raison d'une puissance quelconque donnée des distances , de sorte que X exprimant la distance de la molécule m à chacune des autres molécules du système , $F X^r$ soit la force motrice , attractive de m vers cette autre molécule , la situation d'équilibre , sera celle où la quantité

$$\frac{F}{2r+2} \int m\, X^{r+1} + \frac{A}{n+1} \int m\, x^{n+1} + \frac{B}{p+1} \int m\, y^{p+1} + \frac{C}{q+1} \int m\, z^{q+1} + , \&c.$$

est un *maximum* ; c'est-à-dire plus grande que dans toute autre situation.

Il seroit aisé d'étendre encore ces conséquences à d'autres hypotheses d'attraction ; mais la chose paroît inutile : ainsi je me bornerai à remarquer qu'on peut , par un principe général à celui qu'on vient de voir , établir que ,

Quelle que soit la nature des puissances motrices appliquées à une Machine , si on la fait mouvoir de maniere qu'elle passe par la position d'équilibre , l'instant où elle arrivera dans cette situation , sera celui où le moment d'activité consommé pendant le mouvement , par ces puissances motrices , sera le plus grand.

C'est-à-dire que le moment d'activité que les puissances proposées consomment pendant le mouvement , va toujours en augmentant , jusqu'à ce que la Machine ait atteint la position d'équilibre ; après quoi, ce moment va en diminant , à mefure que le fyftême s'éloigne de cette pofition, lorfqu'il l'a dépaffée ; quelle que foit d'ailleurs la route qu'on ait fait prendre àcette Machine, pour l'amener à cette fituation.

Suppofons, par exemple, que chacune des puiffances appliquées à la Machine, foit donnée de grandeur, & qu'on connoiffe de plus un des points de la direction qu'elle doit avoir, pour qu'il y ait équilibre ; je dis que cette fituation d'équilibre eft celle où la fomme des produits de chacune de ces puiffances données par la diftance du point de la Machine où on l'a fuppofe appliquée, au point fixe donné fur fa direction, eft la moindre poffible (1) ; ce qui fe tire aifément du principe précédent.

Toutes ces chofes font fi faciles à prouver, après ce qui a été dit dans le cours de cette feconde partie, qu'il paroît inutile de s'y arrêter. Je finirai donc cet opufcule par quelques réflexions fur les loix fondamentales dont je fuis parti pour établir la théorie qu'il contient.

Réflexions fur les loix fondamentales de l'équilibre & du mouvement.

Parmi les Philofophes qui s'occupent de la re-

---

(1) Il eft à remarquer que dans tout ce qui vient d'être dit au fujet d'une Machine confidérée dans différentes pofitions, & de fon paffage de l'une à l'autre ; il eft, dis-je, à remarquer que ces pofitions font toujours fuppofées telles, qu'on paffe de l'une à l'autre par un mouvement qui foit à chaque inftant de ceux que j'ai appellés *géométriques* ; autrement toutes ces propofitions feroient fujettes aux mêmes défauts que nous avons cru (V) pouvoir reprocher au principe de *Defcartes*, & à plufieurs autres.

cherche des loix du mouvement, les uns font
de la Méchanique, une fcience expérimentale,
les autres, une fcience purement rationnelle ;
c'eft-à-dire que les premiers comparant les phénomenes de la nature, les décompofent, pour
ainfi dire, pour connoître ce qu'ils ont de com-
mûn, & les reduire ainfi à un petit nombre de
faits principaux, qui fervent enfuite à expliquer
tous les autres, & à prévoir ce qui doit arriver
dans chaque circonftance ; les autres commencent
par des hypothefes, puis raifonnant conféquem-
ment à leurs fuppofitions, parviennent à découvrir les loix que fuivroient les corps dans leurs
mouvements, fi leurs hypothefes étoient confor-
mes à la nature, puis comparant leurs réfultats
ave les phénomenes, & trouvant qu'ils s'accor-
dent, en concluent que leur hypothefe eft exacte,
c'eft-à-dire que les corps fuivent en effet les loix
qu'ils n'avoient fait d'abord que fuppofer.

Les premiers de ces deux claffes de Philofophes, partent donc dans leurs recherches, des
notions primitives que la nature a imprimées en
nous, & des expériences qu'elle nous offre continuellement ; les autres partent de définitions
& d'hypothefes : pour les premiers, les noms
de corps, de puiffances, d'équilibre, de mouvement, répondent à des idées premieres ; ils ne
peuvent ni ne doivent les définir ; les autres
au contraire ayant tout à tirer de leur propre
fond, font obligés de définir ces termes avec
exactitude, & d'expliquer clairement toutes leurs
fuppofitions ; mais fi cette méthode paroît plus
élégante, elle eft auffi bien plus difficile que l'autre ; car il n'y a rien de fi embarraffant dans la
plupart des fciences rationnelles, & fur-tout dans
celle-ci, que de pofer d'abord d'exactes défini-

tions fur lefquelles il ne refte aucune ambiguité :
ce feroit me jeter dans des difcuffions métaphy-
fiques, bien au deffus de mes forces, que de vou-
loir approfondir toutes celles qu'on a propofées
jufqu'ici : je me contenterai d'examiner la premiere & la plus fimple.

Qu'eft-ce qu'un corps ? C'eft, difent la plupart, une étendue impénétrable, c'eft-à-dire
qui ne peut en aucune maniere être réduite à
un efpace moindre : mais cette propriété n'eft-
elle pas commune au corps & à l'efpace vuide ;
un pied cube de vuide peut-il occuper un efpace moindre ? Il eft clair que non. Suppofons
qu'un pied cube d'eau, par exemple, foit en-
fermé dans un vafe capable de contenir deux
pieds cubes, & fermé de tout côté ; qu'on agite,
qu'on boulverfe ce vafe tant qu'on voudra, il
reftera toujours un pied cube d'eau & un pied
cube de vuide : voilà deux efpaces d'une nature
différente, à la vérité, mais tout auffi irréducti-
bles l'un que l'autre : ce n'eft donc pas en cela que
confifte la propriété caractériftique des corps.
D'autres difent que cette propriété confifte dans
la mobilité ; l'efpace indéfini & vuide, difent-ils,
eft immobile, tandis que les corps peuvent fe
tranfporter d'un lieu de cet efpace à un autre :
mais lorfque le corps A paffe en B, par exemple,
l'efpace vuide qui étoit en B, n'a-t-il pas paffé
en A ? Il n'y a, ce me femble, pas plus de raifon
d'attribuer le mouvement au plein qui étoit en A,
qu'au vuide qui étoit en B ; le mouvement confifte en ce que l'un de ces efpaces a remplacé
l'autre ; & ce remplacement étant réciproque,
la mobilité eft une propriété qui n'appartient pas
plus à l'un qu'à l'autre. Sans fortir de notre premiere fuppofition, lorfque j'agite le vafe moitié

vuide & moitié plein, le vuide n'est-il pas mu
tout aussi bien que le fluide ? Je plonge une boule
de métal, creuse, dans une bouteille ; la boule va
au fond ; ne voilà-t-il pas un vuide qui se meut
dans un plein, tout de même que les corps se
meuvent dans le vuide ? L'espace plein ne diffère
donc de l'espace vuidé, ni par la mobilité, ni
par l'irréductibilité ; l'impénétrabilité qui distingue
le premier du second, n'est donc pas la même
chose que cette irréductibilité ; c'est un je ne
sais quoi qu'on ne peut définir, parce que c'est
une idée premiere.

Les deux loix fondamentales dont je suis parti
(XI), sont donc des vérités purement expéri-
mentales ; & je les ai proposées comme telles.
Une explication détaillée de ces principes n'en-
troit pas dans le plan de cet ouvrage, & n'auroit peut-être servi qu'à embrouiller les choses :
les sciences sont comme un beau fleuve, dont
le cours est facile à suivre, lorsqu'il a acquis une
certaine régularité ; mais si l'on veut remonter à
la source, on ne la trouve nulle part, parce
qu'elle est par-tout ; elle est répandue en quelque
sorte sur toute la surface de la terre : de même
si l'on veut remonter à l'origine des sciences, on
ne trouve qu'obscurité, idées vagues, cercles
vicieux ; & l'on se perd dans les idées primitives.

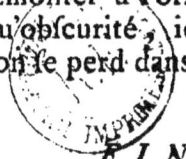

F I N.

J'ai lu par ordre de Monseigneur le Garde des Sceaux, un Manuscrit intitulé *Essai sur les Machines en général*. Cet Ouvrage m'a paru joindre au mérite des choses, celui de la clarté & de la précision ; & je pense que l'impression en sera utile aux progrès de la Méchanique. A Dijon, ce 6 Janvier 1782,

MARET, Censeur royal.

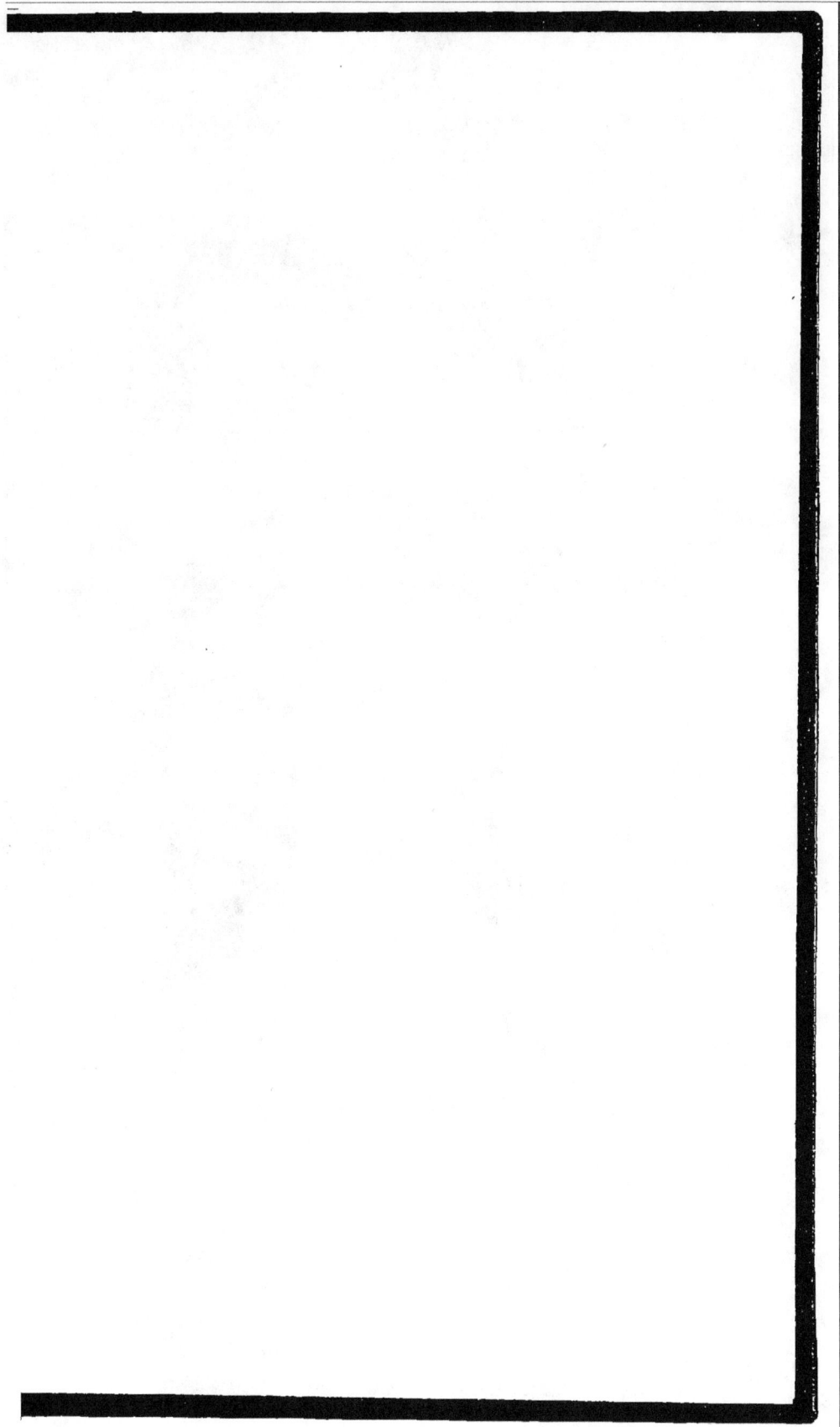

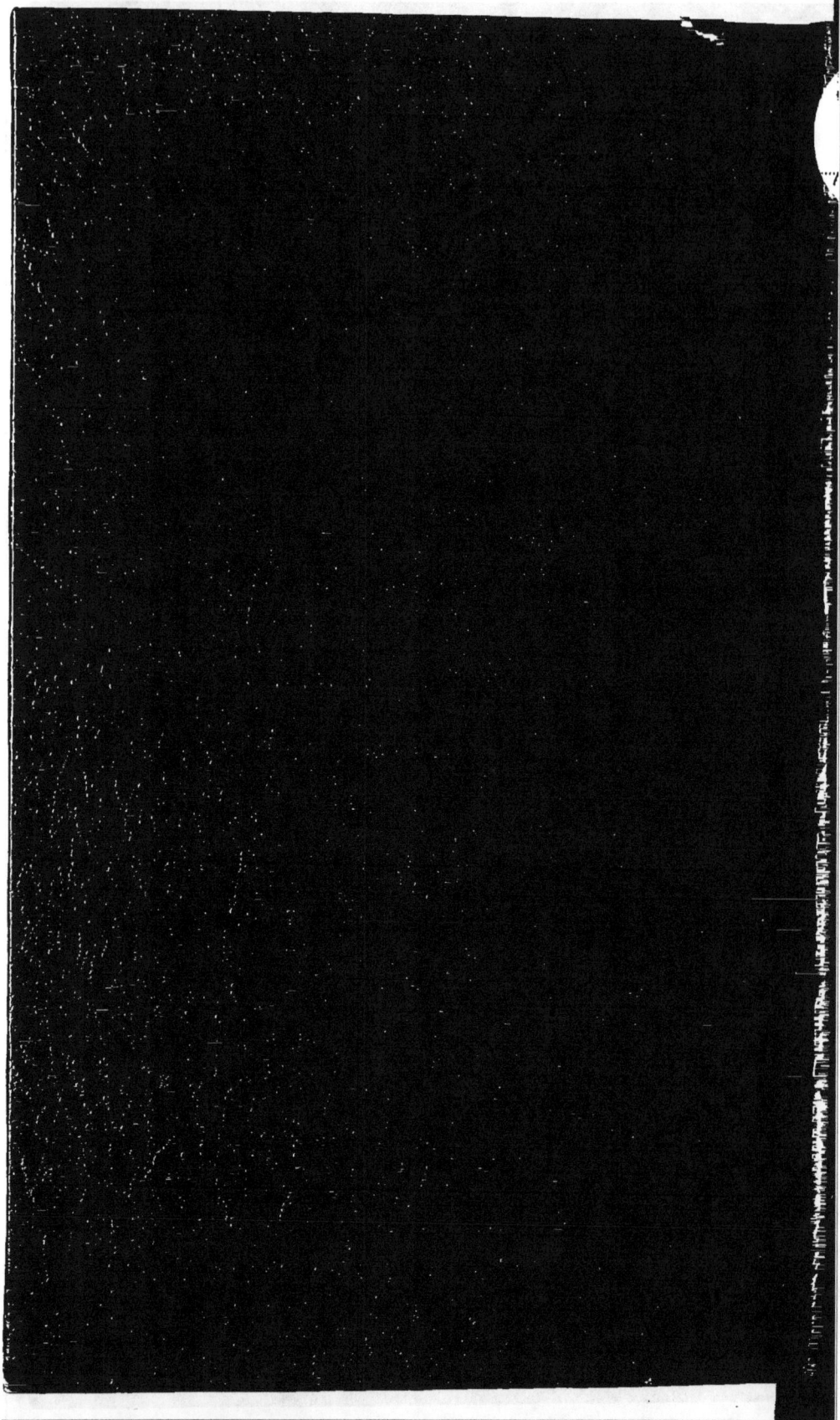

www.ingramcontent.com/pod-product-compliance
Lightning Source LLC
Chambersburg PA
CBHW071210200326
41519CB00018B/5461